80后男人的厨房

妈咪食谱

孔瑶/著

北方文艺出版社

U0320964

图书在版编目（CIP）数据

80后男人的厨房：妈咪食谱 / 孔瑶著. –– 哈尔滨：
北方文艺出版社，2014.7
ISBN 978-7-5317-3306-5

Ⅰ. ①8… Ⅱ. ①孔… Ⅲ. ①食谱 Ⅳ. ①TS972.12

中国版本图书馆CIP数据核字(2014)第124835号

80后男人的厨房：妈咪食谱

作　　者	孔　瑶
责任编辑	王金秋　何振龙
封面设计	烟　雨
出版发行	北方文艺出版社
地　　址	黑龙江现代文化艺术产业园D栋526室
网　　址	http://www.bfwy.com
邮　　编	150080
电子信箱	bfwy@bfwy.com
经　　销	新华书店
印　　刷	北京和谐彩色印刷有限公司
开　　本	710×1000　1/16
印　　张	11
字　　数	100千
版　　次	2014年8月第1版
印　　次	2014年8月第1次
定　　价	32.00元
书　　号	ISBN 978-7-5317-3306-5

我最最亲爱的宝贝

　　宝贝，当爸爸给你取名为孔小瑶时，很多人都觉得好奇与惊讶，父女名字相似，确实很少听说！在还未遇到你妈妈时，我就约想着以后要生了女孩，一定要在她的名字中加上"瑶"字，希望她能做一个温柔如玉的女孩！

　　这是爸爸第一次提笔给你写信，你还没出生就已经承载了许许多多人的关爱，妈妈为了你的出生早早地准备好了一切物品，爷爷奶奶为了你的出生在医院精心地照顾着妈妈，你出生后爸爸每天都在为能给你最好的条件而努力工作。虽然你只有2岁4个月，这封信里面有很多字你还很陌生，但随着年龄增长和知识的积累，有一天你会读懂爸爸妈妈对你满满的爱和殷殷的期许！

　　宝贝，首先爸爸感谢你的到来，你的降临，给我们小家带来了无限的欢乐！因为有了你，妈妈更有母爱，爸爸更加有了责任，我们的小家也更加完整！爸爸很爱你！你是上天赐给爸爸最珍贵的礼物！你的喜怒哀乐是我生活的晴雨表，你的一举一动、一颦一笑总是牵动着我的心弦！你是春季的花朵、炎夏的凉风、金秋的硕果、寒冬的阳光，让我的生活如此的丰富多彩！

　　宝贝，你从一个嗷嗷待哺的小婴孩转眼长成一个活泼可爱的小姑娘，这期间的每一天，犹如昨日，历历在目！在你成长的印记里，你给爸爸妈妈带来了无尽的欣喜和无比的快乐，让我们真实地感受到初为人母、初为人父的滋味！

　　现在的你慢慢地长大，你很乖，你会帮爸爸拿拖鞋、帮妈妈去扫地，你还会在自己吃东西的时候想到要分一些给爸爸妈妈吃，还会夸奖爸爸做的饭菜真好吃……

　　宝贝，你的人生才刚刚开始，爸爸希望你在以后的成长过程中，时时怀着一颗感恩的心。爸爸希望你成为一个诚实、有爱心、懂得分享、健康快乐的女孩。我不奢求你出类拔萃，也不奢求你的未来有多么的不平凡，我只希望你能够健康快乐地成长，感受人世间的真善美，怀着一颗纯真美好的心去创造属于你自己的世界！

但在你的成长道路上总会有许多的荆棘和挫折，不要害怕，爸爸会永远陪在你的身边；宝贝，在你的人生旅途中也会有很多的诱惑和选择，不要彷徨，爸爸会永远和你一起去面对！宝贝，你是爸爸手中的风筝，风儿是你的动力，有多高就飞多高，有多远就飞多远，爸爸牵着你的线永远不会断，因为那是用爱编织的！海阔天空，爸爸所在的地方永远是你的家，爸爸的臂弯永远是你最坚强的依靠！

好了，还有更多更多的话，留着我们以后再叙吧！孔小瑶，我们一起加油吧！

注意事项：

书里的计量单位换算如下：

固体：
盐1大勺=15克、1小勺=5克
糖1大勺=12.5克、1小勺=4克

液体：
1大勺=15毫升
1小勺=5毫升
1/2小勺=2.5毫升
1/4小勺=1.25毫升

目录CONTENTS

PART 1 月子食谱

PART 2 4~5个月宝宝辅食食谱

目录CONTENTS

目录CONTENTS

PART
5

宝贝爱吃初级篇

PART
6

宝贝爱吃高级篇

目录CONTENTS

香菇鸡肉粥

四红粥

八宝粥

菠菜猪肝粥

核桃银耳紫薯粥

南瓜粥

山药黑芝麻粥

红枣补血养颜粥

莲子红枣猪蹄汤

鲜虾粥

蘑菇烩蛋白

黄豆煮肝片

金汤娃娃菜

笋香猪心

鹌鹑蛋炖牛肉

姜醋猪蹄蛋

芦笋虾仁

橙汁鸡片

糯米丸子

清炒鳝鱼丝

桂圆银耳红枣羹

黑豆鲫鱼汤

黄花菜木耳排骨汤

田园牛腩汤

凤爪花生汤

酒酿蛋花羹

猪血豆腐豆芽汤

奶香芹菜汤

香菇鸡肉粥

香菇素有"山珍"之称，是高蛋白、低脂肪的保健食品，味道鲜美，香气沁人，营养丰富。对于产后体虚的产妇来说要经常食用，能有效地增强机体免疫力。

原料

大米100克
鸡胸肉50克
干香菇5朵
杂菜50克
姜片适量

调料

盐1/4小勺

美食小贴士

★ 煮粥时加入少许油，能使煮成的粥米粒饱满，色泽鲜亮。

★ 鸡肉洗净，切成碎丁，提前用少许盐、淀粉、姜片拌匀后腌10分钟，可以更好地去腥。

★ 如果有鸡汤、骨头汤，用来代替清水煮粥，会让粥更香滑、醇厚。可以选用喜欢的蔬菜和肉类，搭配出更好吃的粥。

★ 泡发香菇用温水比用冷水更快也更好，泡发香菇的水滤去杂质后还可以做菜使用，格外鲜美。

做法

① 香菇洗净，温水泡发。

② 鸡肉、香菇切小丁，杂菜洗净备用。

③ 大米淘洗干净，放入足量清水的锅内浸泡30分钟。

④ 大火烧开转小火，煮至米粒开花。

⑤ 倒入鸡肉丁、香菇丁、姜丝，迅速搅散煮3分钟。

⑥ 将杂菜倒入锅内。

⑦ 调入盐，搅匀后煮2分钟关火即可。

四红粥

四红粥可起到补血益肝，健脾利湿，清热消肿，行水解毒等功效，产妇由于分娩时出血多，需要一段时间的调补，经常食用四红粥不但能养颜安神，对治疗贫血或缺铁性贫血尤其有效。

原料

红豆50克

花生50克

枸杞20克

红枣8个

调料

红糖2大勺

美食小贴士

★ 花生仁的选用最好是带外面红衣的那种。

★ 食用时可按个人喜好放入红糖。每日2次，每次1小碗，作早餐或当点心吃。

做法

1 红豆、花生冲洗净，浸泡2小时。

2 将红豆、花生仁、红枣放入锅内，加足量清水，用小火慢煮约1个小时。

3 放入洗净的枸杞，再煮5分钟，加入红糖搅匀，关火即可。

八宝粥

　　黑豆、红豆等五谷杂粮营养价值高，还有益脾补肾、美容养颜、抗衰老的功能，产妇可以食用，不过要适量食用，过量食用可能出现胀气现象。此粥黏甜、味香、适口、易消化，含有碳水化合物和无机盐，适合孕妇、产妇、身体虚弱人群食用。

原　料

莲子、红豆、黑豆、花生、大米、白芸豆、腰豆、葡萄干 适量

调　料

冰糖 适量

美食小贴士

★ 各类食材的用量按个人喜好来放，莲子的量不可多，稍微几粒即可。

★ 可提前将不容易煮烂的食材洗净，清水浸泡数小时，这样可以缩短煮粥的时间。

做法

① 所有食材除葡萄干之外，洗净浸泡半天。

② 将浸泡后的食材倒入锅中，小火煮90分钟左右。

③ 倒入洗净的葡萄干，煮5分钟。可依个人口味调入冰糖，关火即可。

菠菜猪肝粥

菠菜茎叶柔软滑嫩、味美色鲜，含有丰富的维生素C、胡萝卜素、蛋白质，以及铁、钙、磷等矿物质。但食用前应焯水去除大量草酸。

🥣 原 料

大米100克
猪肝100克
菠菜100克

✳ 调 料

盐1/4小勺
料酒1/2小勺

美食小贴士

★ 菠菜焯水的目的是破坏其含有的对人体无益的草酸（涩味的主要成分），同时也可以去除菠菜表面可能携带的病菌和有害物质。

★ 大米提前浸泡1小时，可以缩短煮粥时间。

🔵 做法

1. 菠菜提前焯水，去掉多余草酸。
2. 猪肝切小丁，加料酒腌制10分钟，菠菜切小碎。
3. 大米加水大火煮，煮开后转小火煮30分钟。米粥煮好后放入切好的猪肝丁拌均匀，盖上锅盖煮10分钟。
4. 撒入菠菜丁，调入盐，煮1分钟后出锅。

坐月子的饮食新观念

　　母亲产下新生儿时消耗各种营养素，产后大量出汗、排恶露，也要损失一部分营养，所以，饮食调养对于产妇和新生儿都非常重要。恰当的饮食调养可尽快补充足够的营养素，可补益受损的体质，防治产后病症，帮助产妇早日恢复健康，维持新生儿的生长发育。对于坐月子如何补充营养，也有新旧观念的分歧，一起来了解吧！

旧俗之一：高蛋白多多益善。

正确观念：蛋白质充足不过量，保证均衡营养。

　　民间认为，产后气血大亏，需要大补大养，因此主张坐月子应该吃得越多越好，而且多是鸡鸭鱼肉蛋和甜食。产褥期比平时多吃些鱼禽肉蛋奶等动物性食品，以补充优质蛋白质，这是非常必要的。但是，蛋白质并非越多越好，蛋白质过多会加重胃肠道负担，引起消化不良，诱发其他营养缺乏，发生多种疾病。另外，过量的食物也是造成肥胖的原因。

　　忠告：产妇每天吃鸡蛋2~3个（若其他动物性食物来源少，可多吃一些，但最多不要超过6个），鱼禽肉类200克，奶及奶制品250~500毫升，豆制品50~100克。这样的话，蛋白质已足够了，再吃些其他食物（如粮谷、蔬菜等），营养就更全面了。

旧俗之二：汤比肉有营养，光喝汤不吃肉。

正确观念：肉比汤的营养更丰富，汤和肉应一起吃。

　　从营养学讲，鸡汤、鱼汤、肉汤等不仅味道鲜美，还能刺激胃液分泌，帮助消化，尤其是汤中还含有一定量的可溶性氨基酸、维生素和矿物质等营养成分。

　　从生理上讲，产妇的基础代谢比一般人高，容易出汗，又要分泌乳汁哺育婴儿，所以，需水量比一般人高，产妇多喝一些汤是有益的。但是，不要错误地理解为"汤比肉更有营养"，只喝汤不吃肉的做法是不科学的。因为蛋白质、维生素、矿物质等营养物质主要存在于肉中，溶解在汤里的只有少数，肉比汤的营养要丰富得多。

　　忠告：肉和汤一起吃，既保证获得充足营养，又能促进乳汁分泌。

旧俗之三：喝骨头汤补钙。

正确观念：奶类是最佳的补钙食品。

　　妇女产后担负着分泌乳汁、哺育婴儿的重任，对钙的需求量较大。若膳食中钙供给不足，母体就会动用自身骨骼中的钙，以满足乳汁分泌的需要。这样一来，造成了自体骨质疏松，对妇女产褥期乃至今后的健康将带来不利影响。有人认为，产后要补钙，最佳的办法就是多喝骨头汤。其实，骨头汤中虽然含有钙，但量不多。补钙的最佳食品是奶和奶制品，不仅含钙多，吸收率也高，是天然钙的极好来源。

忠告：产妇每天喝牛奶250~500毫升，并多吃含钙丰富的食品，如小虾皮、小鱼（连骨吃）、芝麻酱、豆腐等，以达到补钙的目的。

旧俗之四：不能吃生冷蔬菜水果。

正确观念：摄入足够的新鲜蔬菜和水果。

民间流传着产后不能吃生冷或凉性的食物，认为蔬菜水果都是凉性的，因此，许多产妇在坐月子时不吃蔬菜水果。其实，这种顾虑是多余的。产妇在分娩过程中体力消耗大，腹部肌肉松弛，加上卧床时间长，运动量减少，使得肠蠕动变慢，"排便肌"无力，极容易发生便秘。如果再禁食蔬菜水果，不仅会引发便秘、痔疮等疾病，还会造成多种维生素、矿物质、微量元素缺乏。

忠告：产妇每天吃蔬菜500克、水果100克，要选择有色蔬菜，尤其是绿色蔬菜。

旧俗之五：喝牛奶吃鸡蛋补铁。

正确观念：动物肝脏、血和瘦肉类是含铁丰富的食品。

民间常说的"贫血"，大部分是由缺铁引起的。产妇对铁需要量大，容易发生缺铁性贫血。有人认为，多吃鸡蛋、多喝牛奶就可以纠正贫血。其实，这是不正确的。虽然牛奶含蛋白质、钙等很丰富，是一种营养较为全面的食物，但含铁却很少，是一种"贫铁食品"。鸡蛋中含铁略高，但由于蛋黄中含卵黄高磷蛋白，会干扰铁的吸收。因此，仅吃鸡蛋、喝牛奶是不能纠正贫血的。

忠告：产妇应多吃瘦肉、动物肝脏和血，同时补充维生素c，以促进铁的吸收。

核桃银耳紫薯粥

核桃仁含有亚麻油酸及钙、磷、铁，是人体理想的肌肤美容剂，经常食用有润肌肤、乌须发、防治头发过早变白和脱落的功能。同时含有丰富的蛋白质和氨基酸，对产妇恢复体力很有帮助，孩子通过吃奶也可以吸收，对宝宝的大脑发育有好处。一天食用量控制在5个最好。

原 料

大米 100克
核桃仁 5整粒
银耳 5克
紫薯 1个

调 料

蜂蜜 适量

美食小贴士

★ 煮粥时，大火烧开后，最好用勺子轻轻划几下，以防粘锅。

★ 也可以按个人喜好将蜂蜜替换成冰糖，在煮粥时放入即可。

做法

1. 用温水泡发银耳，泡好去蒂并撕成小块。将紫薯去皮切成小粒，核桃仁敲碎。

2. 锅中放水，将米放入锅中，放入紫薯、银耳，煮沸后转小火。

3. 小火煮约40分钟，煮至米粒开花。

4. 放入核桃碎拌匀关火，放凉至60℃以下后调入蜂蜜即可享用。

南瓜粥

南瓜中含有丰富的微量元素钴和果胶。南瓜维生素A含量胜过绿色蔬菜，是其他任何蔬菜都无法相比的。而且其具有亮发、健脑、明目、温肺、益肝、健脾、和胃、润肠、养颜护肤、降糖消渴等功效，适合产妇食用。

原 料

大米100克

南瓜100克

银耳5克

清水1000毫升

美食小贴士

★ 为了防止溢锅，可以用筷子隔开锅与锅盖，留出缝隙。或是滴入几滴油，也可以防止煮粥溢锅。

★ 煮粥时，要不时用勺子将锅中食材朝同一方向不停地搅动，以防煳底。

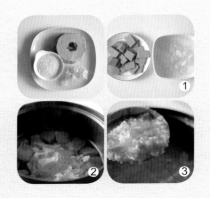

做法

1. 南瓜洗净去皮切小块，银耳温水泡发后撕成小朵。

2. 大米洗净入锅，注入清水，倒入南瓜块、银耳同煮。

3. 开大火，将水烧开后，转小火煮30分钟左右至南瓜软烂，米粒开花呈黏稠状关火即可。

山药黑芝麻粥

山药含有淀粉酶、多酚氧化酶等物质，有利于脾胃消化吸收。产后吃山药具有一定的纤体作用，因为山药饱腹感较强而且营养丰富。吃山药还可以促进肠蠕动，预防和缓解便秘。

原料

大米100克
山药100克
黑芝麻20克

调料

冰糖20克

美食小贴士

★ 此粥益脾补肾，润肠滋燥。经常食用可滋补身体，抵御衰老。

★ 山药的黏液会让人过敏出现瘙痒现象，最好戴上手套去山药皮。

做法

1. 山药清洗干净，戴上手套，刮掉外皮，切成小片。
2. 大米淘洗干净，放入锅中，加入足量的水。大火煮沸转小火煮30分钟。
3. 将山药和黑芝麻放入锅中，轻轻划散，继续煮至米粒开花、山药软烂。
4. 最后调入冰糖，煮至融化即可。

红枣补血养颜粥

红枣能调百味，既能滋补养血，又能健脾益气、抗疲劳、养神经、保肝脏、抗肿瘤、增强机体免疫力。还能补气血，对气血亏损的产妇有帮助。坐月子吃红枣有益气养血、健脾益智之功效。

⊖ 原料

红枣、红豆、花生各50克
紫米、大米各30克
清水800毫升

✿ 调料

红糖20克

美食小贴士

★ 不容易煮烂的食材，最好提前浸泡，可缩短煮粥时间。

★ 煮粥最好一次性把水放足，掌握好水、食材的比例，不要中途添水，否则在黏稠度和浓郁香味上大打折扣。

◎ 做法

1. 将红豆、花生洗净，用清水浸泡1小时；红枣、大米、紫米洗净。
2. 将红豆、花生、紫米、大米、红枣放入锅中，倒入清水大火煮开。
3. 虚掩锅盖，小火煮50分钟左右，粥熬好后调入红糖即可食用。

莲子红枣猪蹄汤

　　猪蹄含有丰富的胶原蛋白，脂肪含量也比肥肉低，它能防治皮肤干瘪起皱、增强皮肤弹性和韧性，对延缓衰老和促进儿童生长发育具有特殊意义。对哺乳期产妇有催乳和美容的作用。

原料

猪蹄 2 个
红枣 30 克
莲子 10 克
生姜 2 片

调料

盐 1/4 小勺

美食小贴士

★ 此汤补气养血，美容除皱，调养女性身体。建议不要放过多的调料进去，保持汤原汁原味最佳。

★ 猪蹄凉水下锅，一定要将浮沫去除干净，最后炖出的汤颜色奶白，肉质也会特别酥烂。

做法

① 红枣和莲子洗净，温水浸泡半小时。

② 猪蹄洗净，放入足量清水的锅中，放入姜片，大火煮沸后转小火煮20分钟。

③ 放入红枣、莲子，继续煮40分钟左右。

④ 煮至筷子可轻松穿过猪蹄，调入盐煮2分钟，关火即可。

鲜虾粥

虾含有很高的钙，只要产妇对虾无不良反应就可以吃，但要适量，别吃生的，以免引起肠胃不适。如果妇女产后乳汁少或无乳汁，鲜虾肉500克，研碎，黄酒热服，每日3次，连服几日，可起催乳作用。

原料

鲜虾6只
大米50克
葱、姜适量

调料

盐1/4小勺

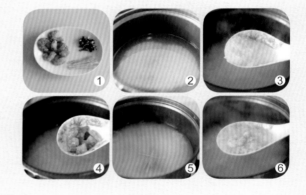

美食小贴士

★ 剥虾时如果带点虾头的油，煮出的粥味道会更鲜。

★ 虾入锅后不宜久煮，最好是粥煮好后放入锅中，煮至变色即可。

做法

1. 鲜虾去壳去虾线，姜切丝，葱切末。
2. 大米洗净，放入锅中，倒入足量的水。
3. 大火煮沸转小火，煮至米粒开花。
4. 放入洗净的虾仁，轻轻划散开。
5. 加入姜丝，等虾变红后，调入盐。
6. 最后关火，撒入葱花即可。

蘑菇烩蛋白

　　蘑菇味道鲜美，口感细腻软滑，所含的大量植物纤维，可以防止便秘、促进排毒。孕妇、产妇适量食用，可以有效地补充营养，能有效增强机体免疫力，还可补肝肾、健脾胃、益智安神、美容养颜。

🥘 原 料

鸡蛋2个
蘑菇100克
小青菜100克
葱、姜适量

✳ 调 料

盐1/4小勺
淀粉1/2小勺

美食小贴士

★ 蘑菇清洗时，由于表面有黏液，泥沙粘在上面，不易洗净。可在水里先放点食盐搅拌使其溶解，然后将蘑菇放在水里泡一会儿再洗，或者放在淘米水中洗，这样泥沙就很容易洗掉。

★ 煮熟的鸡蛋应取出来让其自然冷却，或放在凉开水、冷水中降温半分钟，这样容易剥皮。

🍳 做法

① 鸡蛋洗净，冷水锅煮熟后捞出。

② 鸡蛋去壳，去掉蛋黄，蛋白切成小块。

③ 蘑菇切成片，小青菜洗净。

④ 锅中倒入适量清水烧开，将蘑菇片倒入，焯水后捞出。

⑤ 锅热入油烧至七分热，爆香葱姜。

⑥ 放入小青菜翻炒数下。

⑦ 倒入蘑菇片。

⑧ 再下入蛋白翻炒，加入一小碗水，中火收汁。

⑨ 撒入盐，用少许水淀粉勾芡即可。

黄豆煮肝片

　　猪肝中铁质丰富，是补血食品中最常用的食物，产妇、孕妇、贫血患者经常食用，不但可开胃口，而且可直接补充各种营养素，尤其是铁和蛋白质。另外，猪肝中还含有一般肉类食品缺乏的维生素C和微量元素硒，能增强人体的免疫力，抗氧化，防衰老。

原　料

猪肝200克
黄豆50克
葱、姜适量

调　料

生抽1小勺
糖1/4小勺
盐1/4小勺
料酒1小勺

美食小贴士

★ 黄豆浸泡时间不宜过短，时间长一些才能让大豆充分吸水。

★ 猪肝切时要清爽利落，厚薄一致。猪肝炒至断红断生即可，过度则质地发老，不足则内部不熟，血水容易外溢。

★ 最后出锅时不用将汁水收干，留些汤汁口感更好。

做法

1. 黄豆洗净，浸泡6小时。

2. 锅内放入适量清水，倒入黄豆，大火烧开转中小火煮30分钟。

3. 猪肝洗净切片，加入葱、姜、料酒、淀粉腌制15分钟。

4. 锅热入油烧至七分热，倒入肝片爆炒出香味。

5. 将煮熟的黄豆、煮黄豆多出的水和肝片一起倒入锅内，加入生抽、糖，炒匀。

6. 最后调入盐，翻炒数下即可。

金汤娃娃菜

娃娃菜含少量蛋白质、脂肪、碳水化合物，含有较多的膳食纤维、维生素C、维生素B族、钙、磷、钾等。吃娃娃菜可以补充膳食纤维，有润肠通便的作用，有助于产后身体恢复。但吃什么都要适量，不要一味地食用单一食物，造成营养失衡。

原料

娃娃菜2个
南瓜100克
枸杞子5克
火腿10克
清水400毫升

调料

水淀粉3大勺
盐1/4小勺

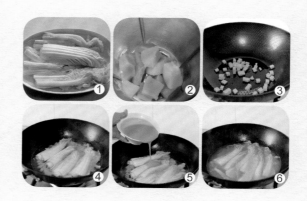

美食小贴士

★ 如家中备有高汤，可以将清水替换，味道更香浓、鲜美、口感浓郁。

★ 娃娃菜富含维生素和硒，叶绿素含量较高。但是不易煮时间过久，会影响口感，破坏其营养成分。

健康小知识

产妇在分娩以后，就会进入全身重要器官的调整阶段，她会出现相应的一些变化，比如产后1~2天，因为身体疲劳，新妈妈会出现轻微的体温升高现象，一般经过休息后就会降下来。但是如果体温过高，超过38℃，就要考虑是不是病理现象，要看医生了。

做法

① 娃娃菜洗净后纵向剖成四半，火腿切成碎末备用。

② 南瓜去皮后放入锅中蒸熟，取出放凉后，放入搅拌机中打成南瓜泥。

③ 锅中倒入少许油，油温后放入火腿碎末炒香。

④ 锅中倒入清水煮沸，放入娃娃菜和枸杞子，煮5分钟。

⑤ 倒入南瓜泥搅拌均匀。

⑥ 继续煮1分钟后加盐调味，搅拌至汤汁黏稠即可。

笋香猪心

猪心的安神定惊、养心补血的功效非常突出，对惊悸失眠也有较好的食疗效果。猪心所含蛋白质、脂肪、硫胺素等成分，对产妇有营养血液、养心安神的作用。

原料

猪心1个
莴苣150克
胡萝卜100克
葱、姜适量

调料

料酒1小勺
生抽1小勺
糖1/4小勺
盐适量

美食小贴士

★ 煮猪心时，可将筷子轻易插入其中，无血水流出即为九成熟。

★ 猪心炒制时间不宜过长，煮制后再入锅，只需翻炒几下即可。

做法

① 将猪心剪开，切掉白色部分，洗净放入锅内，加料酒、葱、姜，煮至九成熟。

② 猪心取出，凉后剖开切成薄片；莴苣、胡萝卜去皮切片。

③ 锅热入油烧至七分热，爆香葱姜。

④ 倒入莴苣、胡萝卜片翻炒数下。

⑤ 将猪心片倒入锅内。

⑥ 调入生抽、糖、盐，快速翻炒30秒关火即可。

鹌鹑蛋炖牛肉

鹌鹑蛋虽然体积小，但它的营养价值与鸡蛋一样高，含有大量的蛋白质、卵磷脂、氨基酸、维生素、铁、钙等营养物质，是最佳的天然补品之一。而且鹌鹑蛋蛋黄较小，不像鸡蛋那么难以下咽，方便进食。

原料

牛肉500克
土豆1个
胡萝卜1根
鹌鹑蛋300克
葱、姜适量

调料

生抽1大勺
老抽、料酒各1小勺
糖1小勺
盐1/4小勺
醋适量

美食小贴士

★ 牛肉块切的大小直接关系到炖煮时间，无须切太大块，炖煮时加入少量的醋有助于牛肉烂熟。

★ 鹌鹑蛋的煮法：锅内倒入足量的水，放少量盐，将鹌鹑蛋放入，水烧开转小火3~4分钟关火，迅速取出放入凉水中，这样蛋皮很容易剥下来。

做法

① 牛肉冲洗净，切小块。

② 土豆、胡萝卜分别洗净，去皮切小块。

③ 鹌鹑蛋入锅煮3分钟捞出，入冷水浸泡后剥壳备用。

④ 锅中倒入适量清水烧开，放入牛肉块、料酒焯2分钟，去血沫后捞出沥干。

⑤ 锅内入油烧至七分热，爆香葱姜。

⑥ 倒入牛肉块，煸炒2分钟。

⑦ 调入老抽、生抽、糖、醋，翻炒均匀。

⑧ 倒入热水没过肉块，大火烧开转中小火炖煮60分钟。

⑨ 将土豆、胡萝卜块倒入锅内，接着炖煮10分钟。

⑩ 调入盐，放入鹌鹑蛋，煮20分钟，使鹌鹑蛋充分吸收肉汁。

⑪ 最后大火收汁即可。

姜醋猪蹄蛋

姜醋猪蹄蛋对产妇身体早日康复，尤其是对内生殖器官的复原极有帮助，而且具有祛风散寒、活血去瘀、帮助子宫收缩和帮助产妇生产奶水的作用。猪蹄含有大量钙质，而姜醋可以将之软化，有助产妇补充失去的钙质。鸡蛋含有八种人体必需的氨基酸、多种矿物质和维生素等，对产妇身体补益大有好处。

🍚 原料

猪蹄2只

鸡蛋4个

生姜片5克

✳ 调料

甜醋2大勺

冰糖30克

老抽1大勺

盐1/2小勺

料酒1/2小勺

美食小贴士

★ 猪蹄：丰富的蛋白质和骨胶原是养颜润肤的最好原料。对产妇更有充奶催奶的作用。

★ 甜醋的多少可以按个人喜好增减。
甜醋：有醒胃提神、软化血管和养颜功效。能散瘀止血、补血，与猪蹄一起，能分解骨头的钙质，易被人体吸收，起到补钙和强筋健骨的作用。

◎ 做法

① 猪蹄剁成小块，加姜片、料酒焯水。

② 鸡蛋在冷水里煮熟，待凉后去壳备用。

③ 猪蹄和生姜放入足量清水的锅中煮沸，加入熟鸡蛋。

④ 倒入冰糖。

⑤ 调入甜醋、老抽，并用勺子轻轻搅匀。

⑥ 转小火煮2小时，最后调入盐，再煮5分钟即可。

芦笋虾仁

　　芦笋富含多种维生素和微量元素，优于普通蔬菜。并且含有丰富的叶酸，是产妇补充叶酸的重要来源。富含的膳食纤维还可起到润肠通便的作用，防治便秘。但是，因为芦笋含有少量嘌呤，痛风病人不宜多食。

原　料

虾仁250克
芦笋300克
红椒1个
香葱、姜末适量

调　料

盐1/4小勺
淀粉1小勺
料酒1/2小勺

美食小贴士

★ 虾仁需洗净，然后加适量淀粉、料酒，抓匀腌一会。

★ 芦笋鲜美芳香，富含膳食纤维，柔软可口，能增进食欲，帮助消化。加入盐焯水后可保持翠绿的菜色。

健康小知识

从妊娠到分娩，体内某些激素的分泌会发生很大的变化，而当宝宝降临后，这些激素又会很快回落到很低的水平，从而导致产后抑郁情绪的发生，使得很多人出现食欲下降、情绪低落、失眠，严重的甚至会有自杀的意念或企图。要想避免这种情绪的出现，产妇首先要学会自我调节，保持一定的社交圈子。

做法

① 芦笋洗净，斜刀切小段。红椒切小块。

② 锅中放适量清水和少许盐，放入芦笋焯水，捞出沥干备用。

③ 锅中油热，先炒香葱姜末，然后放入芦笋，翻炒数下。

④ 加入虾仁，淋少许水，大火快炒至虾仁变色。

⑤ 倒入红椒块翻炒至断生，放入盐调味，再翻炒几下即可。

橙汁鸡片

　　果汁入菜不仅可以调味，还能增加维生素的摄入。这道菜含丰富的维生素c，营养又好吃，味道很特别,还有一股浓浓的橙香。橙汁也可以换成其他水果，比如菠萝、柚子之类，菠萝可以切丁加入鸡肉一起炒，一样的美味。

原料

鸡胸肉300克
橙子1个
葱、姜适量

调料

盐1/4小勺
淀粉1小勺
料酒适量

美食小贴士

★ 鸡肉片在腌制时可以多加入一点蛋清，使肉片更嫩滑。

★ 如果取用的橙子比较酸，可以加入适量的糖中和。

★ 鸡肉不宜翻炒时间过长，橙汁如果放多了，最后可以加一点水淀粉勾芡。

做法

① 鸡胸肉切薄肉片，橙子榨出100毫升汁水备用。

② 鸡肉片加入淀粉、料酒、葱姜末，搅匀后腌制10分钟。

③ 锅热入油烧至七分热，倒入鸡肉片。

④ 翻炒至肉片发白。

⑤ 倒入橙子汁，翻炒均匀。

⑥ 调入盐，大火快速翻炒。

⑦ 最后将汁水收干即可。

糯米丸子

糯米很适合产妇食用，它对脾胃虚寒所致的反胃、食欲减少、泄泻和气虚引起的汗虚、气短无力等症都有缓解治疗的作用。不过不能多吃，以免引起消化不良。

原料

猪肉300克
糯米150克
葱、姜各3克

调料

淀粉1小勺
料酒1小勺
盐1/4小勺
生抽1小勺

美食小贴士

★ 糯米用清水浸泡时间长一些，可以使米粒松软，便于蒸透。

★ 肉馅搅打时一定要朝同一方向，这样才能搅打上劲，否则不易搓成肉丸，而且容易下锅就松散开。

健康小知识

从临床上来看，孕妇年龄越大，产后忧郁症的发病率越高，这可能与产后体内激素变化有关。很多产后抑郁症病例在产前就已经有先兆，如常常莫名哭泣、情绪低落等，这时家人一定要多加安慰，安抚孕妇情绪。

做法

1. 糯米洗净，放入水中浸泡4小时，沥干备用。
2. 猪肉洗净，剁成肉糜，葱姜切末。
3. 猪肉糜和葱姜放入碗内，加料酒、盐、淀粉、生抽搅拌均匀。
4. 把肉馅挤成大小合适的丸子，每个肉丸子上裹上一层糯米。
5. 锅中放适量的冷水，蒸屉上铺一层干净纱布，将裹好的糯米丸子放在纱布上，大火蒸20分钟即可。

清炒鳝鱼丝

　　鳝鱼肉嫩味鲜、刺少，营养价值高。鳝鱼中含有丰富的DHA和卵磷脂，高蛋白，低脂肪，其钙、铁含量在常见的淡水鱼类中居第一位。可补虚损，治妇人产后恶露淋漓，血气不调，除腹中冷气肠鸣。

原料

鳝鱼 2条
红彩椒 1个
黄彩椒 1个
葱、姜 适量

调料

料酒 1小勺
生抽 1小勺
糖 1/4小勺
盐 适量

美食小贴士

★ 鳝鱼最好是在宰后即时烹煮食用，因为鳝鱼死后容易产生组胺，易引发中毒现象，不利于人体健康。

★ 挑选鳝鱼时，以表皮柔软、颜色灰黄、肉质细致、闻起没有臭味者为佳。

做法

① 红、黄彩椒洗净切细丝，鳝鱼去骨切细丝。

② 锅中倒入适量清水烧开，放入料酒，将鳝鱼焯水后捞出。

③ 锅热入油烧至七分热，爆香葱姜。

④ 倒入鳝鱼丝、彩椒丝，翻炒数下。

⑤ 调入生抽、糖、盐、少许清水，最后翻炒至汁水收干即可。

桂圆银耳红枣羹

桂圆益心脾，补气血，可用于心脾虚损、气血不足所致的失眠、健忘、惊悸、眩晕等症，还可治疗病后体弱或脑力衰退，妇女在产后调补也很适宜。但不可多吃，防止上火。

原　料

银耳10克
桂圆干15粒
枸杞3克
红枣15粒

调　料

冰糖20克

美食小贴士

★ 银耳泡发时冬天可用温水，不要用热水，这样会影响银耳涨发的数量，而且也会影响其泡发质量，使其口感黏软。

★ 此款甜羹炖煮时间不要过短，不然就炖不出黏稠有胶质的浓汤汁了。

健康小知识

【月子期间10项注意】

1.一定要休养一个月，产后两周忌随便走动。2.产后要紧绑腹带，防止内脏下垂。3.前两周只能用温酒水擦澡。4.洗脸刷牙需用烧开的水放温再用。5.严禁洗头。6.不能抱孩子，喂奶应侧躺。7.不能亲自为孩子洗澡。8.要有安静、舒适的环境，不能吹风。9.不能爬楼梯。10.不要流泪，少用眼。

做法

1. 银耳洗净，用温水充分泡发，去蒂后掰小块。
2. 桂圆干、枸杞、红枣洗净备用。
3. 冷水锅内倒入银耳，大火煮沸后转小火。
4. 加冰糖搅拌一下。
5. 待小火炖1小时后，放入桂圆。
6. 放入红枣继续炖1小时。
7. 等银耳汤汁黏稠，撒入枸杞后关火。

黑豆鲫鱼汤

鲫鱼所含的蛋白质质优、齐全, 易于消化吸收, 常食可增强抗病能力。另外鲫鱼有补气血、生乳作用, 对产妇有通乳汁、补身体、促康复的功效。

原料

鲫鱼1条
黑豆50克
姜4片
葱1根

调料

盐1/8小勺

美食小贴士

★ 黑豆经过泡发, 不但可以缩短炖煮时间, 也容易煲出味道来。

★ 煎鱼前用厨房纸巾擦干鱼身上的水, 这样可以保证煎制时鱼皮完整, 不粘锅。

健康小知识

高龄孕妇产后都很虚弱, 一定要吃些补血的食物, 但不能吃红参等大补之物, 以防虚不受补。比较适合的是桂圆、乌鸡等温补之物。此外, 要补充蛋白质, 蛋白质可以促进伤口愈合。牛奶、鸡蛋、海鲜等动物蛋白和黄豆等动物蛋白都应该多吃。

做法

① 黑豆洗净后用清水浸泡6~8小时。

② 鲫鱼净膛冲洗干净, 鱼身斜划两刀。

③ 锅内倒少许油, 将鱼煎成两面金黄。

④ 倒入沸水完全没过鱼, 下姜片, 并让汤继续沸腾大约5分钟后, 放入黑豆。

⑤ 转小火炖2小时, 调入盐即可。

黄花菜木耳排骨汤

　　黄花菜色泽金黄，香味浓郁，食之清香、鲜嫩，爽滑同木耳、草菇，营养价值高，被视作"席上珍品"。由于黄花菜营养丰富，故有较多的食疗价值，中医学认为它有利湿热、宽胸、利尿、止血、下乳的功效。治产后乳汁不下，用黄花菜炖瘦猪肉食用，极有功效。

原 料

排骨300克
黄花菜、木耳各15克
生姜6片

调 料

料酒1小勺
盐1/4小勺

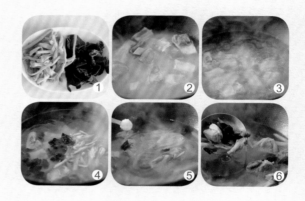

美食小贴士

★ 黄花菜要泡较长时间才会泡软，要提前准备。水中放少量淀粉，可以把黄花菜中的沙子去掉。

★ 挑选黄花菜时，色暗黄，两端有点发黑的黄花菜才是天然无添加。如果黄花菜干色金黄，外观非常漂亮，则是加工过的黄花菜，不宜购买。

健康小知识

【坐月子可不可以吃零食】
坐月子期间，产妇如果需要哺乳，最好不要吃零食，现在零食都多少含有一些添加剂，例如膨化类、果冻类、卤制类零食等，最好都不要吃。产妇最好吃一些纯天然的东西。

做法

① 黄花菜、木耳泡发洗净。

② 排骨焯水，捞出沥水。

③ 焯好的排骨放入锅中，放入生姜，调入料酒，加入适量的水没过排骨。

④ 倒入黄花、木耳，大火煮沸改小火煮1小时左右。

⑤ 调入盐搅匀。

⑥ 接着煮5分钟，关火即可。

田园牛腩汤

　　牛肉含人体所需多种营养成分，具有补脾和胃、益气增血、强筋壮骨的作用，适合产妇食用。另外，牛肉含有丰富的蛋白质，氨基酸组成比猪肉更接近人体需要，能提高机体抗病能力，对生长发育及手术后、病后调养的人在补充失血和修复组织等方面特别适宜。

🥘 原料

牛腩300克
莲藕200克
甜玉米棒1根
西兰花100克
番茄1个
姜3片

✿ 调料

料酒1大勺
盐1/4小勺

美食小贴士

★ 蔬菜一般可挑选时令菜，并不局限于固定食材。

★ 煲牛肉汤一般选牛腩肉比较好，煮的时候可提前焯水，去掉牛肉的血腥味。

健康小知识

产妇可以自治妊娠纹去除膜。只要将蛋清、植物油、纯牛奶、香蕉混合打成泥，加入面粉调糊，再兑进一点蜂蜜即可。这种面糊不仅能滋润脸、手、脚，还可当作"肚皮膜"，抹在腹部上预防淡化妊娠纹。

🥣 做法

❶ 所有蔬菜洗净。玉米棒剁成3~5厘米的小段；莲藕去皮切块；西兰花掰成小朵；番茄切块。

❷ 牛腩块洗净沥干，和姜片一起放入锅中焯水。

❸ 将焯好的牛肉块放入洗净的锅中，调入料酒，再倒入适量热水。

❹ 煮开后放入玉米段和莲藕，盖上盖子，中小火煮约90分钟左右。

❺ 然后放入番茄和西兰花，煮5分钟。

❻ 最后加少许盐调味即可。

凤爪花生汤

鸡爪富含脂肪、蛋白质，可维持体温和保护内脏，提供人体必需的脂肪酸，具有维持钾钠平衡，消除水肿等功效。产妇食用不但可增加饱腹感，更能提高免疫力。

原料

鸡爪500克
花生100克
姜片适量

调料

料酒1大勺
盐1/2小勺

美食小贴士

★ 鸡爪也可以直接请卖鸡爪的摊主直接剁成小块，方便炖煮。

★ 如果不喜欢花生皮，可以在浸泡后将花生去皮，但是不太建议去皮，因为花生那层外衣对人体有好处。

健康小知识

【坐月子到底要多少天？】

传统认为是一个月，即30天的时间。实际上，坐月子精确的时间应该是长达42天。因为，产妇的子宫体的回缩需要6周时间，才能恢复到接近非孕期子宫的大小，产后腹壁紧张度的恢复也需要6~8周时间。所以，坐月子并不是一般人所说的30天，而是42天。

做法

1. 花生用温水浸泡30分钟。

2. 鸡爪剪去脚指甲，洗净，改刀剁成两段。

3. 锅中放入适量清水，放入鸡爪，倒入料酒，焯水后捞出沥干。

4. 将焯好的鸡爪和生姜片放入汤锅中，加入适量清水。

5. 倒入花生大火煮沸后转小火，慢慢地煮2小时左右。

6. 调入盐，焖5分钟，关火即可。

酒酿蛋花羹

酒酿含碳水化合物、蛋白质、B族维生素、矿物质等，这些都是人体不可缺少的营养成分。酒酿里含有少量的酒精，而酒精可以促进血液循环，有助消化及增进食欲的功能。酒酿益气、养颜、补血、生津、对产妇有催乳作用。

原料

酒酿200克

鸡蛋1个

清水300毫升

调料

糖1小勺

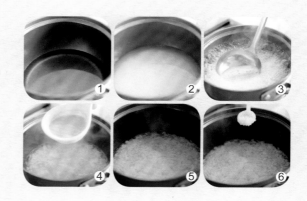

美食小贴士

★ 倒入鸡蛋时，一定要小火，不然就出现不了漂亮的鸡蛋花了。

★ 酒酿不可久煮，不然容易发酸。

健康小知识

休息是坐月子的头等大事，产后新妈妈一定要在家静养，注意睡眠。但新妈妈的卧姿并没有特别的规定，以经常地自由变换体位为佳。若身体无异常情况，在产后第二天便可开始俯卧，每天1~2次，每次15~20分钟，便于子宫恢复原来的前倾屈位。新妈妈在月子里可多做胸膝卧位，多做加强盆底肌肉弹性和缩肛运动，均有助于防止子宫向后倾倒。

做法

① 锅中倒入清水，大火煮沸。

② 倒入酒酿。

③ 用勺子轻轻划散。

④ 转小火，将打散的鸡蛋沿锅边缓缓倒下。

⑤ 勺子顺一个方向轻轻搅动，将倒入的鸡蛋划散成小蛋花。

⑥ 关火，调入糖即可。

猪血豆腐豆芽汤

　　猪血有解毒清肠、补血美容的功效，对贫血而面色苍白者有改善作用，是排毒养颜的理想食物。猪血中含有人体必需的无机盐，如钙、磷、钾、钠等，以及微量元素铁、锌、铜、锰等，产妇食用好处颇多。

原料

猪血200克

豆腐适量

豆芽1小把

虾皮适量

调料

盐1/4小勺

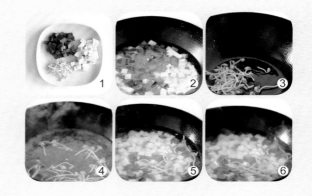

美食小贴士

★ 猪血的挑选：真猪血表面可看到不少气孔，色泽鲜艳，摸起来比较硬，而且容易碎；假猪血则表面光滑、细致，内部无气孔，不易碎，用水冲洗时无血块等碎屑掉下。

★ 猪血不可过量食用，因为血中同时含有新陈代谢废物（包括激素、药物、尿素等），大量食用也会给人体带来负担。

做法

① 猪血、豆腐冲洗后切小块，豆芽去须。

② 锅中倒入适量清水烧开，放入猪血、豆腐焯水后捞出。

③ 锅热入油烧至七分热，倒入豆芽炒香。

④ 倒入适量热水烧开。

⑤ 放入猪血、豆腐块。

⑥ 调入盐，搅匀，煮5分钟后撒上虾皮，关火即可。

奶香芹菜汤

　　牛奶的营养价值很高，又富含钙质，喝牛奶对婴儿和产妇都会有好处。产妇每天喝牛奶有利于身体康复。但是贫血、患有胃溃疡的产妇需要注意，尽量不要喝牛奶。另外剖腹产术2~3天后才可以喝牛奶，否则容易导致肠胀气。有过敏体质的产妇应该少喝或不喝牛奶，以免导致新生儿发生过敏反应。

原料

牛奶100毫升
淡奶油50毫升
面粉2大勺
芹菜100克

调料

盐适量

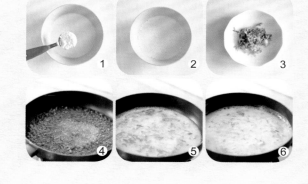

美食小贴士

★ 奶糊入锅后需不停地搅拌，以免粘锅糊底。

★ 淡奶油入汤会比单独使用牛奶更有奶香味，口感也香软糯滑。没有淡奶油，也可以用同等量的牛奶代替。

做法

① 牛奶、淡奶油倒入容器中，加入面粉。

② 搅拌均匀成无面粉颗粒的奶糊。

③ 芹菜洗净切成小碎。

④ 锅中倒入适量清水烧开，加入盐，将芹菜焯水后捞出。

⑤ 将奶糊、芹菜碎倒入锅内。

⑥ 转小火，不停搅拌奶糊，将奶糊煮至微沸略有黏稠感，关火即可。

坐月子的重要性

　　坐月子就是孕妇经过了怀孕的过程，在生育之后的30~40天内，利用有别于一般的生活方式、饮食方式以及休养方式，让身体机能得到恢复的过程。剖腹产和小产在坐月子的方法、原则上与自然生产者大同小异，但时间上略微延长至40天，饮食上在前期也略有区别，因此要更加细心地照顾。

　　坐月子是女性一生健康的转折点。女人一生中有三次改变体质的机会：初潮期，生育期，更年期。因为这三个阶段都是女人体内的激素发生很大改变的时候。有一句话描述得很好：染色体决定一个人是不是女人，而雌激素决定一个人像不像女人。因此，女性应好好把握这三个时机，让自己和同龄女性相比能够更美丽，更健康。特别是生育，是改变女人体质的最大机会，因而坐月子在生育期的重要性也就不言而喻了。生育能最大限度地去除体内废旧物，使身体回到一个等待随时重新出发的基础状态，让你和宝宝一起新生。因此，产后的调养绝对不容忽视。女人，只有将自己调养得容光焕发、身心健康，才能拥有美好的人生和幸福的家庭。

　　坐月子虽然不能直接治疗任何症状，也不能减肥，但的确有机会因方法用对，改善了体质，让细胞及内脏重新生长，减轻或消除原先身体上的一些疾病，但如果坐月子时没有遵守正确的饮食及生活方式，不仅导致产后乳房下垂，身材变形，拥有"水桶腰"，成为"大腹婆"，脸色晦暗无光泽，光荣"上斑"，提前衰老，更会影响全身细胞和内脏收缩的功能，以及毒素的排出，产生内脏下垂，出现消化不良，手脚冰凉，腰酸背痛，身体虚弱，易疲劳等未老先衰的症状，更有可能为以后的各种妇科疾病，甚至乳腺癌、子宫癌等埋下隐患。

　　各位幸福美丽的准妈妈们，你们是想以后成为拥有少女般光洁的皮肤，轻盈的体态，充沛的精力，健康的身体，让老公永远爱不够的"小腰精"，还是想成为提前步入更年期的欧巴桑所拥有的粗糙晦暗的脸色，满脸的黑斑皱纹，臃肿的身形，无精打采的样子，虚弱的身体，老公看着都心烦的"大腹婆"呢？那么你是否坐个好月子就至关重要了。

米汤

蛋黄米汤

青菜汁

橙子汁

胡萝卜苹果泥

苹果泥

鲜藕汁

红枣苹果汁

米汤

原料

优质大米100克

美食小贴士

★ 米汤汤味香甜，含有丰富的蛋白质、脂肪、碳水化合物及钙、磷、铁，维生素C、维生素B等。

★ 米汤有丰富的谷维素，是其他东西不能代替的。对胃肠功能低下的宝宝是很好的食物。

做法

① 锅内倒入适量水，烧开后放入淘洗干净的大米。

② 大火煮开后再用小火煮成烂粥。

③ 取上层米汤即可食用。

蛋黄米汤

原料

上等大米100克

鸡蛋1个

美食小贴士

★ 米汤又叫米油，是用上等大米熬稀饭或做干饭时，凝聚在锅面上的一层粥油。

★ 米汤中含有大量的烟酸、维生素 B_1、B_2和磷、铁等无机盐，还有一定的碳水化合物及脂肪等营养素，用米汤给婴儿作为辅助食材，是比较理想的。

做法

1. 大米洗净，放入锅中，加入水煮成粥。
2. 鸡蛋煮熟，剥壳后取出蛋黄，捣成泥。
3. 热米汤盛出。
4. 将蛋黄泥拌入热热的米汤，充分搅拌均匀即可。

青菜汁

原料

青菜100克

美食小贴士

★ 饮用菜汁可使宝宝获得必需的维生素C和矿物质，并能起到防治宝宝便秘的功效。

★ 可以用来给宝宝制作菜汁的蔬菜有很多，如油菜、菠菜、小白菜等，只要是用新鲜的绿叶青菜做，宝宝就会爱喝。

做法

① 洗净的青菜叶在清水中浸泡30分钟左右。

② 青菜捞出，沥水后切细碎状。

③ 锅中倒入适量水烧开，放入青菜煮2分钟，熄火。

④ 待水稍凉后，用纱布将青菜滤出，留下菜汤。

橙子汁

原料

橙子 | 个

美食小贴士

★ 喂食时，可以加一些温开水，兑水的比例从2：1到1：1，然后是原汁。

★ 研磨式料理机榨汁时可最大程度地保留食物的营养，如果没有料理机，可以采取最简单的挤压方法得到果汁。

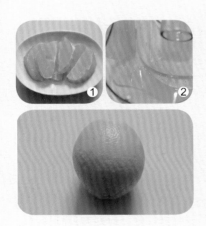

做法

① 将橙子一切四半，去外皮。

② 放入研磨式的料理机中榨出果汁即可。

胡萝卜苹果泥

原料

胡萝卜100克
苹果65克

美食小贴士

······
★ 胡萝卜泥含有丰富的营养元素，加入苹果不仅味道更美，营养也更多了。

做法

1. 胡萝卜洗净，刮掉外皮，擦成细丝；苹果去皮核，切碎。
2. 把胡萝卜丝放入沸水中煮1分钟，捞出沥水。
3. 用搅拌机把胡萝卜丝打成泥。
4. 将打碎的胡萝卜放入锅里，加入适量水。
5. 再放入切碎的苹果，小火煮至熟烂如糊，即可食用。

苹果泥

🥣 原料

苹果 1 个

美食小贴士

● ● ● ● ● ● ● ● ● ● ● ● ● ● ●

★ 苹果泥含有丰富的矿物质和多种维生素。婴儿常吃苹果泥，可预防佝偻病。果胶能帮助止住轻度腹泻。因此，苹果泥具有通便、止泻的双重功效。

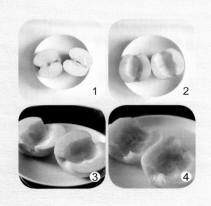

做法

① 将苹果洗净，对半切开。

② 挖去苹果核。

③ 放入盘子中，锅中加入凉开水适量。

④ 上笼蒸15~20分钟，待稍凉后用金属小勺子慢慢刮起成泥状，喂食即可。

鲜藕汁

原料

莲藕200克
纯净水600毫升

美食小贴士

★ 食用莲藕，有助于促进新陈代谢，具有滋阴养血的功效。5个月以上宝宝可以适当喝一些，但因为宝宝现在还比较小，可能肠胃的消化功能还不是很完善，最好是按照水和纯藕汁1:1的比例进行一下稀释，这样就更加容易使宝宝消化和吸收了。

做法

1. 莲藕洗净去皮，切成小块，泡在清水中（水中加入少量白醋，可以防止藕氧化变色）。
2. 将藕块加入600毫升清水，放入搅拌机搅打成汁。
3. 过滤去藕渣，将藕汁倒入小汤锅中，加入适量的水。
4. 小火加热至藕汁煮开即可。

红枣苹果汁

原料

红枣20个

苹果1个

美食小贴士

★ 婴儿期是大脑发育的关键时期，喝红枣果汁对智力发育自然也是有利的。

做法

1. 红枣洗净去核。
2. 倒入锅中加适量水，煮至枣肉烂透。
3. 苹果洗净，切成两半并去核，用小勺将果肉泥刮出。
4. 将苹果泥倒入锅中搅匀后煮开。
5. 最后将红枣苹果汁水过滤后给宝宝食用。

辅食添加应遵循的四大原则

辅食，无论采用母乳喂养还是其他喂养方式，婴儿4个月大时，均应及时添加辅助食品。辅助食品是指除乳类以外的其他类食品，如婴儿米粉、水果、蔬菜及肉类等食物。强化各种营养素的谷类食品是婴儿理想的第一种固体辅助食品。

及时添加辅食可补充乳类营养素的不足，婴儿快速的生长发育需要较多的铁。而婴儿从母体内带来的铁在出生后3~4个月耗尽，且乳类食品中铁及维生素D的含量较低。因此，4~6个月的婴儿易出现缺铁性贫血和维生素D缺乏性佝偻病。如及时添加辅食，则可补充乳类中铁和维生素D的不足，确保宝宝健康成长。

及时添加辅食，还可以锻炼婴儿咀嚼吞咽食物和胃肠道消化的能力，为断奶做准备。婴儿在出生后一年中，要完成这种转变，必须根据婴儿的发育情况（包括摄食技巧、消化功能以及肾脏功能），逐步改变饮食结构（如从流质到半流质，再到固体食物）和摄食方式（从奶头、奶瓶到杯、碗、匙、筷子）。经过循序渐进的适应过程，在断奶时才不致因饮食结构、摄食方式的突然转变而遭婴儿心理上的拒绝或引起消化紊乱等问题。

辅食添加的四大原则

1. 辅食品种从单一到多样，一次只添加一种新食物，隔几天之后再添加另一种。万一宝宝有过敏反应，您便可以知道是由哪种食物引起的了。

2. 辅食质地由稀到稠，首先开始给宝宝选择质地细腻的辅食，有利于宝宝学会吞咽的动作，随着时间推移，逐渐增加辅食的黏稠度，从而适应宝宝胃肠道的发育。

3. 辅食添加量由少到多，开始时只喂宝宝进食少量的新食物，分量约一小汤匙左右，待宝宝习惯了新食物后，再慢慢增加分量。随着宝宝不断长大，他需要的食物亦相对增多。

4. 辅食制作由细到粗，开始添加辅食时，为了防止宝宝发生吞咽困难或其他问题，应选择颗粒细腻的辅食，随着宝宝咀嚼能力的完善，逐渐增大辅食的颗粒。

辅食添加的注意事项

初喂宝宝辅食需要耐心，第一次喂固体食物时，有的宝宝可能会将食物吐出来，这只是因为他还不熟悉新食物的味道，并不表示他不喜欢。当宝宝学习吃新食物时，您可能需要连续喂宝宝数天，令他习惯新的口味。另外，最好在您感觉轻松、宝宝心情舒畅的时候为宝宝添加新食物，紧张的气氛会破坏宝宝的食欲以及对进食的兴趣。

猪肝南瓜泥

豆腐蛋黄泥

香蕉奶味粥

红枣苹果南瓜泥

芝麻粥

小米红枣粥

鸡肉青菜粥

梨酱

圣女果汁

鱼泥豆腐青菜粥

猪肝南瓜泥

原料

猪肝 100克
南瓜 200克
葱、姜 5克

美食小贴士

★ 猪肝不要急于烹调，可在清水中调入白醋，然后浸泡整块猪肝，2小时之后用清水反复冲洗，可安全食用。

★ 宝宝吃动物肝脏是有好处的，但一周吃1~2次就可以了。

做法

① 南瓜去皮切成小块。

② 放入蒸锅蒸15分钟左右，直到南瓜变得软烂。

③ 猪肝浸泡后，用流水冲洗干净，和葱、姜一起放入锅入煮熟。

④ 将煮熟的猪肝切成末，南瓜捣成南瓜泥，猪肝末趁热拌入南瓜泥中，小勺喂食即可。

豆腐蛋黄泥

原料

豆腐100克

鸡蛋1个

美食小贴士

★ 宝宝到6~8个月时，对钙的摄取量每天增加200毫克左右。鸡蛋、豆腐含有丰富的钙，吃起来又软又嫩，特别适合给还不太会咀嚼的宝宝食用。

做法

1. 鸡蛋煮熟后剥出蛋黄，研磨成泥。
2. 豆腐洗净，放沸水中烫熟，捞出，切成小块。
3. 将豆腐和蛋黄泥混合，搅拌均匀即可。

香蕉奶味粥

原料

配方奶粉 3 勺
大米粥 100 克
香蕉 1 根
葡萄干 10 克

美食小贴士

★ 适用人群：7个月以上的宝宝。香蕉含有大量的钾和维生素C，有助肠胃蠕动，还能提高宝宝的免疫力。奶粉既有营养，其香味也可促使宝宝适应吃辅食。

做法

1 将配方奶粉倒入煮好的大米烂粥里搅匀。
2 葡萄干切碎。香蕉倒入微波炉加热20秒，捣成泥。
3 香蕉泥加入奶粥里，撒上葡萄干碎末即可。

红枣苹果南瓜泥

原料

南瓜160克

苹果120克

干红枣15克

温水100毫升

美食小贴士

★ 果泥煮熟后可以放在密封的小瓶子里，再放置到冰箱中，这样可以保存3天。宝宝吃的时候可以将瓶子放到温水中温热，搅拌后食用。

★ 若一次不能用完，应从瓶中将食物盛出，取食与喂食的勺子分开，未吃完的食物切勿倒回瓶中，以免变质。

做法

① 南瓜去皮切成小块，放入蒸锅蒸约15分钟，用筷子可以轻松扎透即可。

② 干红枣去核，洗净后用温开水浸泡半小时。

③ 苹果洗净切块。将苹果块、泡软的红枣、蒸好的南瓜块和泡红枣的水一同倒入搅拌机中搅成泥。

④ 将搅拌好的果泥倒入锅中煮沸，稍凉后就可以给宝宝食用了。

芝麻粥

原料

黑芝麻 30 克
大米 50 克

美食小贴士

★ 此粥润肺补肾,利肠通便。

★ 芝麻的营养很丰富,含有丰富的钙质,对于小宝宝补钙、补铁都是理想的辅食。

做法

① 黑芝麻倒入锅中小火炒熟。

② 熟芝麻倒在案板上,用擀面杖研碎。

③ 大米淘洗干净浸泡1小时,再加入适量水煮成粥。

④ 米粥里加入研碎的黑芝麻,拌匀即可。

小米红枣粥

原料

小米 100 克

红枣 4~6 个

美食小贴士

★ 7个月的宝宝可以喝小米粥了，不过要注意粥尽量熬得烂一些，这样有助于宝宝消化。小米粥营养丰富，适合宝宝吃。大枣健脾养胃，对肠胃功能不好、脾胃虚弱的孩子大有裨益。

做法

① 小米和红枣洗净，锅中加适量清水同煮成粥。

② 红枣煮熟后去皮去核，枣泥和小米粥同食。

鸡肉青菜粥

原料

大米粥100克
鸡胸肉50克
小青菜50克
生姜5克

美食小贴士

★ 此粥含丰富的微量元素等营养物质，有利于宝宝消化吸收，促进宝宝生长发育。

★ 鸡肉切成末可锻炼宝宝的咀嚼能力，鸡肉的脂肪含量很低，维生素含量却很多。

做法

1. 鸡胸肉切成肉末；小青菜洗净切碎；生姜切末。
2. 热锅放油，倒入鸡肉末和生姜末快速煸炒。
3. 炒至鸡肉发白，再放入碎青菜快炒数下，挑出生姜末扔掉。
4. 倒入大米粥和适量开水一起煮开，晾温后即可喂食。

梨酱

原料

梨 1 个

美食小贴士

★ 这道辅食不仅补充维生素和矿物质，同时对咳嗽的宝宝有辅助治疗作用。

★ 可以适量加入少许冰糖，无须多放，一点点就可以了。

做法

1. 将梨去皮去核，切碎。
2. 锅中放少许水，将梨入锅煮烂。
3. 待梨酥烂以后，一边煮一边用勺子碾压，成糊状即可。

圣女果汁

原料

圣女果200克

美食小贴士

★ 圣女果的维生素C含量
略高于大果形番茄，并含
有谷胱甘肽和番茄红素等
特殊物质，这些物质可以
促进人体的生长发育，特
别是可促进小儿的生长发
育，增加人体抵抗力。宝
宝吃番茄可以预防上火，
但切勿一次性吃得太多，
可以经常食用。

做法

1. 圣女果洗干净，放入研磨式榨汁机。
2. 榨成汁，装入干净的杯子，用开水隔水加热一下，小勺喂食即可。

鱼泥豆腐青菜粥

原料

鱼肉50克

豆腐50克

青菜50克

大米100克

美食小贴士

★ 鱼肉和豆腐中都富含蛋白质和钙等可促进宝宝长高的营养元素，是宝宝理想的增高食品。

做法

1. 大米洗净，煮成米粥。

2. 鱼肉蒸熟，去刺，捣碎。

3. 青菜洗净，开水烫后切碎；豆腐切小丁。把鱼泥、豆腐丁、青菜碎加入粥中，再略煮即可。

你的宝宝营养够了吗?

妈妈对宝宝的营养状况总是特别在意,不过,在意归在意,却很少有人知道该怎样来评判宝宝的营养状况究竟是否良好。有时候,即便宝宝营养状况明明很好,妈妈也常常感觉心里没底,因为心里没底,就很容易为了保险拼命往宝宝的小肚子里瞎装食物。

结果事与愿违,好心的妈妈常常因此办了坏事,使宝宝的营养状况越来越糟糕。要判断宝宝营养状况如何,妈妈可掌握一些简单的衡量办法,掌握了这些办法,就不用再瞎着急了。

1. 观察宝宝的精神状态

如果宝宝看起来很愉快,吃东西很香,睡眠也很好,而且每次睡醒后,他的精神状态不错,眼睛灵活有神,活泼好动,不磨人,不没完没了哭闹,那就说明他的营养足够。

2. 观察宝宝的体格发育

体重和身高的增长,是衡量宝宝营养状况是否正常最可靠的依据,尤其是体重。妈妈可观察宝宝的这两项指标是否符合正常标准,如果符合,那宝宝一般都不会有什么问题。

宝宝的体重,妈妈可按体重增长的倍数来算:6个月时已增加到出生时体重的2倍,1周岁约为3倍,2周岁时约为4倍,3周岁时约4~6倍。妈妈也可根据体重增长的速度来算:在最初3个月,宝宝每周体重增180~200克,3~6个月每周增加150~180克,6~9个月每周增加90~120克,9~12个月每周增加60~90克,第二年平均增加2500~3000克,2岁以后平均每年增加2000克左右,一直持续到青春发育期。宝宝的身高,在出生后第一年长得最快。

1~6个月时每月平均长2.5厘米,7~12个月每月平均长1.5厘米,周岁时可比出生时增长25厘米,第二年增长速度减慢,全年仅增长10~12厘米,2岁后增长速度更为放慢,平均每年仅长6~7厘米,直到青春发育期。

3. 观察宝宝的外貌

如果宝宝的小脸红润,头发浓密,黑而有光泽;皮肤细腻有质感,不粗糙;嘴唇、眼皮的内面以及指甲是淡红色的,那就没问题,他的营养肯定足够。

4. 测量宝宝皮下脂肪厚度

皮下脂肪厚度,是体现宝宝营养状况好坏的一个重要标志。当宝宝营养不良时,他的皮下脂肪变薄。通常消减的顺序先是腹部,然后是躯干、小胳膊和小腿,最后是面部。

妈妈可经常用拇指和食指,将宝宝的腹部皮肤捏成一个皱褶,如果这个皱褶厚度大约在1厘米以上,那就说明宝宝营养足够。当然也不能大于1厘米太多,脂肪太多,宝宝可能就偏胖了。除了测量脂肪厚度之外,妈妈还可以摸摸宝宝的肌肉,看看是否结实、有弹性。如果肌肉松弛缺少弹性,宝宝就可能营养不良。

香蕉胡萝卜泥

黑燕麦粥

鸡茸豆腐胡萝卜粥

绿豆百合粥

南瓜奶羹

奶香红薯泥

番茄鱼肉羹

果仁玉米粥

香蕉花生泥

浓香豆浆粥

香蕉胡萝卜泥

原料

胡萝卜 1 根

香蕉 1 根

美食小贴士

★ 胡萝卜也可直接上锅蒸熟，用勺子碾成泥。

★ 要选用熟透的香蕉，生香蕉有涩味，不宜喂食。

做法

1. 胡萝卜去皮洗净，切小块。

2. 放入搅拌机，加少许水搅打成胡萝卜泥。

3. 胡萝卜泥放入小锅中煮熟。香蕉用微波炉高火加热1分钟取出，和胡萝卜泥一起摆个可爱的造型即可。

黑燕麦粥

🥣 原料

黑燕麦80克

配方奶粉20克

美食小贴士

★ 燕麦是一种低糖、高蛋白质、高脂肪、高能量的食品，非常适合婴幼儿食用。

★ 煮燕麦片需小火慢慢煲至黏稠，中间搅拌数次且小心溢锅。

做法

① 黑燕麦片加适量清水，浸泡30分钟以上。配方奶粉用温水冲调。

② 锅置火上，倒入黑燕麦片，加入适量清水，用小火煮40分钟左右。

③ 加入奶粉，拌匀，微沸即可离火。

鸡茸豆腐胡萝卜粥

原料

鸡胸肉 50克
豆腐 50克
胡萝卜 50克
米粥 100克

美食小贴士

★ 鸡肉豆腐丸，可放入冰箱冷冻，吃的时候再取出。

做法

① 鸡胸肉切碎，和豆腐一起放入搅拌机，打成鸡肉豆腐泥。

② 取适量大小的鸡肉豆腐泥搓成小丸子。

③ 小丸子放入滚水中煮熟，捞出备用。

④ 胡萝卜切成薄片蒸熟，再用勺子碾碎。

⑤ 把胡萝卜泥混合到米粥中，再放入煮熟的鸡肉豆腐丸子即可。

绿豆百合粥

🍚 原料

绿豆100克

百合（干）20克

大米10克

美食小贴士

★ 绿豆不宜煮得过烂，以免使有机酸和维生素遭到破坏，降低清热解毒功效。

★ 此粥含有丰富的蛋白质、碳水化合物、钙、磷、铁、锌、维生素C、维生素E等多种营养素，适合11个月以上的宝宝食用。

🔘 做法

1. 绿豆洗净，去杂质，浸泡1小时。
2. 百合洗净掰瓣，大米淘洗干净。
3. 把绿豆、大米放入锅内，加足量的水，大火烧开转小火煮40分钟。
4. 加入百合，煮至米豆开花，百合软烂即可。

南瓜奶羹

原料

白米100克

南瓜80克

配方奶粉20克

美食小贴士

★ 冲调好的奶粉加热温度不宜过高，加热到100℃时奶粉营养价值也大大降低，所以只需煮至微沸离火即可。

做法

1. 南瓜切成块，放锅上蒸熟，捣成泥。配方奶粉加温水冲调。

2. 白米煮成烂粥，加入南瓜泥拌匀。

3. 加入冲调好的配方奶粉，中火煮至微沸即可离火。

奶香红薯泥

原料

红薯100克
奶粉15克

美食小贴士

★ 每100克红薯中含有30毫克的维生素C，远远高于苹果、梨等水果。维生素C可促进人体免疫性抗体合成，因此具有预防感冒的作用。

★ 添加适量的奶粉刚好提供了丰富的蛋白质和脂肪，而且有牛奶的浓香，能刺激宝宝食欲，让宝宝更容易接受辅食。

做法

1 将红薯洗净，去皮切小块，蒸熟。
2 用大勺子将红薯碾成泥。
3 奶粉用温水冲调好后倒入红薯泥中。
4 调匀即可食用。

番茄鱼肉羹

原料

番茄30克
胡萝卜30克
干香菇5克
鱼肉30克

美食小贴士

★ 鱼肉富含不饱和脂肪酸，经常食用对促进儿童智力发育有一定帮助，但记得一定要把鱼刺挑干净。

做法

① 胡萝卜切薄片，放入小锅里煮，煮软后取出胡萝卜片压碎。煮胡萝卜的原汤保留。

② 番茄去皮切碎，香菇切碎，鱼肉蒸熟去刺捣碎。

③ 把胡萝卜碎、番茄碎、香菇碎、鱼肉碎放回胡萝卜原汤里煮熟即可。

果仁玉米粥

原料

花生米 20 克
核桃仁 20 克
黑白芝麻 10 克
玉米面 50 克

美食小贴士

★ 为了防止锌的缺乏，应鼓励孩子多吃花生、核桃、杏仁、芝麻等含锌量高的干果，但最好磨成粉状添加在辅食中。

★ 玉米面具有调中开胃的疗效，营养丰富，为宝宝补充营养所需，月份较小的宝宝玉米面粥不能太稠。

做法

① 将花生米、核桃仁、黑白芝麻炒熟。

② 放入料理机磨成碎末。

③ 细玉米面用温水调匀。

④ 将适量清水放入锅内，水开后，将调好的玉米面放入锅中搅匀。

⑤ 再开锅时即成玉米面糊糊，然后将碎果仁倒入，搅匀即可。

香蕉花生泥

原料

香蕉 1根
花生 30克

美食小贴士

★ 这款辅食香气扑鼻，其中细小的花生颗粒，还可以锻炼9~12个月宝宝的牙齿咀嚼能力。

★ 可提前将花生去皮，花生煮熟后泡在凉水里直至冷却，然后用手搓一下，花生皮就能去掉了。

做法

❶ 花生浸泡2小时后，放入锅中煮熟，去掉花生皮。

❷ 花生加少许煮花生的水，放入搅拌机中打碎。

❸ 香蕉去皮捣烂成香蕉泥。

❹ 香蕉泥和花生碎混在一起，放入锅中拌均匀，稍稍煮沸即可。

浓香豆浆粥

原料

大米 30 克
小米 30 克
黄豆 60 克

美食小贴士

★ 豆浆打好后过滤掉豆渣，更利于小宝宝进食。

★ 豆子和大米有互补作用，蛋白质和赖氨酸都有了，小宝宝吃很合适！

做法

① 黄豆洗净，浸泡6小时，放入豆浆机中，加入适量水打成豆浆。

② 把大米和小米洗净，和打好的豆浆一起倒入锅中。

③ 用小火煮约30分钟，放温后即可食用。

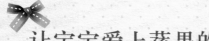

让宝宝爱上蔬果的5个小秘诀

1. 混合喂食

如果宝宝不喜欢吃蔬菜，当他看到碗里有青菜时他会拒绝吃饭，这时父母可千万不要用强硬的手段，可以把饭端到厨房去，跟宝宝说："我给你换一碗没有的。"然后偷偷地将蔬菜和米饭混合在一起，让宝宝看不出来，这样就很容易喂食了。

2. 将蔬菜切细或剁碎

像金针菇、蒜和一些纤维太长的蔬菜，直接吞食容易造成宝宝吞咽困难或产生呕吐。建议给幼儿食用前，应先切细或剁碎。

3. 少量开始

部分的蔬果含特殊的气味，如苦瓜、芥菜、荔枝等，宝宝可能一开始不能接受，妈妈可以采用循序渐进的方式，先从少量开始，或者等宝宝大一点的时候再食用。

4. 让宝宝爱上颜色

部分的青菜、水果有特殊的颜色，如紫甘蓝、胡萝卜、彩椒、樱桃等，过于鲜艳的色彩也可能会引起宝宝的恐惧。妈妈们可用小朋友可以接受的方式来教育，如可告诉宝宝：吃了红色的蔬菜和水果，就会像白雪公主一样有着红扑扑、漂亮的脸蛋哦。

5. 变变形状变变味

大部分的小朋友可能无法接受太酸的水果，可将水果放熟后再吃。也可以试试混合甜的水果，加些沙拉酱打成果汁（不滤渣），或是做成果冻或者是宝宝喜欢的形状来吸引小朋友尝试。

蔬菜因纤维素的存在，使得幼儿咀嚼时较费力，容易产生放弃吃这类食物的念头。制作餐点时，记得选择新鲜、细嫩的食材，或将食物煮得较软，方便孩子进食。

自制菌菇味精

五仁粉

炸薯条

彩椒圈太阳花煎蛋

自制番茄酱

培根土豆泥

蜜烤香蕉

多杞小丸子

火腿西多士

可爱的鸡蛋

肉末鸡蛋饼

酸奶红薯泥

彩色糯米小丸子

甜香玉米汁

吐司磨牙棒

美味芦笋卷

梅子三角饭团

口蘑蛋黄泥

烤鸡翅

圣诞便当

菠菜碎蒸蛋

鲜虾泡菜炒饭

蔬香猫耳朵

鸡汤云吞面

自制菌菇味精

原料

干杏鲍菇20克

干香菇20克

干鸡腿菇20克

美食小贴士

★ 选择干菌菇，要看其大小、形状、菌帽的厚度、色泽、香气、有无虫害等，确保原料质量。

★ 自制的菌菇味精没有防腐剂，故不宜存放时间太长，冷藏半个月，冷冻两个月。

做法

① 干菌菇流水快速冲去浮灰，晒干后放入锅中小火彻底烘干。

② 烘干的菌菇放凉后，放入搅拌机。

③ 搅打数次，将干菌菇搅打成粉末状。

④ 粉末细筛网过滤后，装入干净无水无油的容器，密封存储即可。

五仁粉

原料

核桃 50 克
腰果 50 克
白芝麻 50 克
大杏仁 50 克
花生 50 克

美食小贴士

★ 如果宝宝对花生过敏，可以去掉花生，8~12个月宝宝每天食用量为5~10克，1~3岁宝宝每天为10~20克。

★ 五仁粉可以拌饭、拌粥，甚至做点心，可以自由发挥。

做法

1. 各式坚果挑选好的，去杂质。核桃、腰果、大杏仁、花生放入没有油的干净炒锅中小火烤成九成干。

2. 放入白芝麻，将全部食材烘干。

3. 将烤好的各式坚果放入搅拌机，打碎成粉末状。

4. 将粉末过筛，得到细细的五仁粉末，过大的粉粒可以再次搅打。

炸薯条

原料

土豆300克

调料

盐1/8小勺

美食小贴士

★ 土豆要切得一样粗细，炸的时候颜色均匀。

★ 煮至六成熟后，一定要沥干水分再冷冻。

做法

① 土豆洗净去皮，先切成厚度一致的片状，再切成条状。

② 土豆条水中浸泡去淀粉。锅中倒入足量清水烧开，放入土豆条煮至六成熟。

③ 沥干水分，晾凉后，放入冰箱冷冻2小时。

④ 土豆条冻至稍硬即可取出。

⑤ 锅中油热，土豆条无须化冻，直接放入油锅炸至金黄。

⑥ 捞出控油后，撒上盐，食用时可搭配番茄酱食用。

彩椒圈太阳花煎蛋

原 料

红彩椒 1 个
黄彩椒 1 个
鸡蛋 2 个

☀ 调 料

盐、黑胡椒 各适量

美食小贴士

★ 鸡蛋入锅时最好不要移动平底锅，这样蛋液不易流出。

★ 彩椒色彩鲜艳且富含维生素C及微量元素，很适合小朋友食用。

◎ 做法

① 将彩椒洗净后去蒂切成厚度约0.5厘米的彩椒圈。

② 平底锅加热，倒入少量食用油抹匀锅底，彩椒圈入锅。

③ 将鸡蛋分别打入彩椒圈中，中小火单面煎制。

④ 待鸡蛋稍稍凝固，撒适量盐、黑胡椒调味。鸡蛋煎至蛋黄变熟即可关火，随个人喜好搭配酱油或番茄酱食用。

自制番茄酱

原料

番茄500克
柠檬1个

调料

冰糖50克

美食小贴士

★ 不要用铁锅、铝锅熬制果酱，最好选用无油的不锈钢锅或搪瓷锅。

★ 做好的番茄酱不但可以用来抹馒头、抹面包，以及做小点心，也可以用作炒菜的调味品。

做法

① 番茄划十字，放入开水烫一下。

② 将烫好的番茄剥去皮后切成块状。

③ 放入搅拌机搅成泥状。

④ 将打好的番茄泥倒入小汤锅内，加入冰糖，开锅后转小火慢慢熬至略黏稠时，不停地搅拌，以免粘锅。

⑤ 熬至黏稠，呈酱状时，挤入柠檬汁继续熬2~3分钟即可。

培根土豆泥

原料

中等土豆 1 个
培根 30 克

调料

胡椒粉 适量

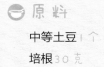

美食小贴士

★ 土豆泥里也可加入少量牛奶，口感会更香浓美味。

★ 培根有一定的咸味，所以无须再加盐。

做法

① 热锅放油，将培根煎香煎熟。

② 煎好的培根切成末。

③ 土豆去皮后切块蒸熟，捣烂成泥。

④ 土豆泥加入培根末，撒入胡椒粉搅拌均匀即可食用。

蜜烤香蕉

原料

香蕉 3 根
柠檬 1 个

调料

蜂蜜 1 大勺

美食小贴士

★ 最好选择成熟度适中的香蕉来做，太生或太熟的都不适合。

★ 不喜欢吃太甜的孩子，可以在香蕉表面少涂抹一些蜂蜜。

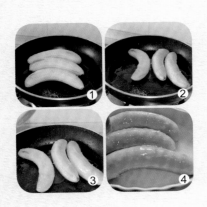

做法

1. 平底锅放油烧热后，将去皮的香蕉放入平底锅中。
2. 用小火将香蕉煎至双面金黄。
3. 挤上一些柠檬汁在香蕉上后关火。
4. 将香蕉放在烤盘中，淋上蜂蜜，放入预热好的烤箱中层，160℃，烤约10分钟。

多杜小丸子

原料

中等杜果 2 个
速冻小元宵 100 克

调料

白糖 适量

美食小贴士

★ 小元宵煮熟后马上放入冷开水中浸凉，这样口感会很Q。

★ 最好要用肉厚汁多的甜杜果，会使味道更浓郁香甜。

做法

① 锅里水煮开，倒入速冻小元宵，用勺子搅拌防止粘锅。

② 中小火煮至元宵浮起，关火，把小元宵捞起，放入冷开水中待用。

③ 一个杜果去皮切成丁，另一个去皮切随意形状。

④ 随意形状的杜果倒入搅拌机中，加入白糖和适量冷开水，搅打成杜果泥。

⑤ 把杜果泥倒出，装在容器中，撒上杜果粒，再把煮好的元宵捞出沥干，放上即可。

火腿西多士

原料

吐司面包 2 片
火腿 2 片
奶酪 1 片
鸡蛋 1~2 个

美食小贴士

★ 装蛋液的碗要大一点，吐司不要在蛋液中久泡，蘸均匀即可。

★ 可以做成甜味的，可放果酱、花生酱等。

做法

① 吐司切片，在吐司片上放两片火腿。

② 放上奶酪，再放两片火腿，盖上另一片吐司片。

③ 鸡蛋打散成蛋液，将吐司放进碗里两面蘸上蛋液，轻轻蘸满即可。

④ 平底锅倒油烧热，放入吐司片用小火煎。煎至两面金黄色，取出用吸油纸巾吸走多余的油，沿对角线切开即可。

可爱的鸡蛋

原料

鸡蛋 3~4 个
生菜 1 个
橙子皮 适量
芝麻 适量

美食小贴士

★ 如果挑不到小个的鸡蛋，也可用鹌鹑蛋或鸽子蛋替代。

★ 橙子皮也可用胡萝卜或其他质地硬的蔬菜替代。

做法

1. 挑小个的鸡蛋放入冷水锅中煮熟。

2. 过凉水后去壳，尽量不要弄破蛋白。

3. 橙子皮切出小三角形和齿轮状，生菜洗净切碎铺盘子底。

4. 鸡蛋表面在"嘴部""头部"分别划一小刀，将2片橙皮小三角当作嘴，齿轮状当作鸡冠再用黑芝麻点缀成眼睛，一只可爱的鸡蛋就做好了。

肉末鸡蛋饼

原料

猪肉末50克
鸡蛋1个
全麦面粉80克

调料

盐1/8小勺
料酒1/4小勺

美食小贴士

★ 可以使用全麦面粉和普通面粉混合，口感会更好。

★ 摊饼时可以利用模具做出多种造型，更加吸引小朋友的注意。

做法

① 肉末中加入打散的鸡蛋液搅匀。

② 倒入面粉和适量清水。

③ 加入盐和料酒调成稀面糊。

④ 平底锅烧热，不放油，转中火，盛一勺面糊倒入锅中摊平摊薄。

⑤ 一面煎熟以后翻面，直到两面煎成略带金黄色即可。

酸奶红薯泥

原料

中等红薯1个
酸奶250毫升

美食小贴士

★ 红薯含有丰富的糖、蛋白质、纤维素和多种维生素，其中β-胡萝卜素、维生素E和维生素C尤多。

★ 可适当放些坚果碎或葡萄干等搭配食用。

做法

1 红薯洗净去皮，切成小块。

2 上锅蒸熟，捣成红薯泥，不要有块状物。

3 在红薯泥上淋上酸奶即可。

彩色糯米小丸子

🥣 原料

紫薯200克
南瓜200克
水磨糯米粉600克

✳ 调料

冰糖20克

美食小贴士

★ 紫薯纤维素含量高，这类物质可促进肠胃蠕动，排出粪便中的有毒物质和致癌物质，保持大便畅通，改善消化道环境，防止胃肠道疾病的发生。

★ 紫薯泥、南瓜泥要趁热加入糯米粉，这样做出来的小丸子口感会更好。

🔵 做法

1. 紫薯、南瓜洗净去皮，切成小块。
2. 一起放入微波炉高火加热5分钟（或蒸熟），捣烂成泥。
3. 紫薯泥、南瓜泥分别按1：1加入糯米粉揉成面团，纯糯米粉加温水揉成面团，将三色的面团分别搓成大小适中的若干小丸子。
4. 锅中水烧开，将彩色小丸子放入锅中煮至浮起，加入一小碗凉水，大火煮开后转小火再煮3分钟即可。

甜香玉米汁

原料

新鲜玉米2根

调料

蜂蜜1大勺

美食小贴士

★ 制作时加点炼乳进去味道会更好。

★ 甜玉米既能防皱纹抗衰老，又能抗心血管病和防癌，是一种很好的营养食品。

做法

1 用刀将玉米粒全部剥下，洗净沥干。

2 放入搅拌机搅拌成玉米糊。

3 将玉米渣过滤掉，只留玉米汁。

4 放入小奶锅煮开，依孩子口味加入蜂蜜调味即可。

吐司磨牙棒

原料

吐司面包 3 片
鸡蛋 1 个

美食小贴士

★ 烤箱不同，温度不同，要注意观察颜色，不然容易烤焦了。

★ 搭配果酱之类，味道更好。

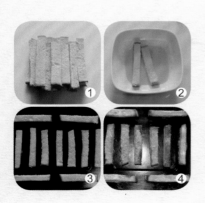

做法

① 吐司面包去边，切成适合大小的条状。

② 鸡蛋打入碗内搅散，放入吐司条裹满蛋液。

③ 烤箱预热，放入烤箱中层180℃烘焙5分钟左右。

④ 烤至表面呈金黄色即可。

美味芦笋卷

原料

胡萝卜1根
长培根3片
芦笋200克

调料

盐适量
黑胡椒适量

美食小贴士

★ 这道菜的培根请选用
长条培根，太短了不容易
卷起。

★ 煎制时锅中可以不放
油，煎制过程中培根会有
油析出。

做法

1. 芦笋、胡萝卜去皮后切细长段；长培根改刀切短。

2. 芦笋、胡萝卜段放入锅中焯水，捞出沥水备用。

3. 取一片培根卷起适量的芦笋和胡萝卜段，用牙签固定。

4. 将处理好的培根卷，放入平底锅中，用中小火煎至变色，换一面再煎。在培根表面撒些盐、黑胡椒即可出锅。

梅子三角饭团

原 料

热米饭150克
话梅5粒
大片海苔1片

调 料

寿司醋1大勺

美食小贴士

★ 烹制饭团的关键在于，先要用水湿手，这样米饭就不会粘在手上。

★ 饭团需趁热捏，否则难以成团。用左手托住饭团，用右手边转动边捏成饱满的三角形状。注意不要过分用力，否则饭团就会较硬。

1   2

做法

① 话梅入温开水浸泡10分钟。

② 米饭入大碗，倒入寿司醋，搅拌均匀。

③ 米饭等量分成5份，捏成三角状，海苔剪成合适的宽度将米饭围一圈，中间放入话梅即可。

口蘑蛋黄泥

原料

鸡蛋1个
口蘑60克

调料

盐1/8小勺

美食小贴士

★口蘑要用清水反复清洗，并用盐水浸泡15分钟左右。

★适合12个月及以上的婴儿食用。口蘑有安神、防止便秘、提高免疫力等功效。

做法

① 鸡蛋放入冷水锅中煮熟。

② 口蘑洗净，放入锅中煮熟。

③ 剥去蛋白，把蛋黄压碎。

④ 熟口蘑剁碎。

⑤ 蛋黄加入口蘑泥、少量的盐，一起搅拌均匀即可。

烤鸡翅

🍜 原料

鸡翅10个

葱、姜适量

✿ 调料

盐1小勺

料酒、生抽各1小勺

蜂蜜1小勺

糖1/4小勺

美食小贴士

★ 鸡翅切两刀更方便入味，腌制时间越长越入味。鸡翅腌制时调料的用量以少而清淡为宜，对小朋友的健康有益。

★ 入烤箱10分钟后，可将鸡翅翻面再进行烤制。鸡翅烤制时会析出大量的油分，烤盘上最好放一张油纸，方便清洗。

做法

① 鸡翅洗净，翅身划两刀，方便入味。

② 鸡翅放入大些的容器中，加入葱姜、盐、生抽、糖、料酒、蜂蜜，抓匀后腌制4小时。

③ 烤盘上铺油纸，再放上烤架，鸡翅铺放在烤架上，中间隔开一些距离。

④ 鸡翅表面刷一层油。烤箱220℃预热5分钟后放入鸡翅，烤25分钟左右即可。

圣诞便当

原料

米饭 1碗

蟹肉棒 1个

小香肠 2根

海苔、胡萝卜 适量

调料

寿司醋 1大勺

番茄酱 适量

美食小贴士

★ 香肠要选用细长的，适合拿来作驯鹿的耳朵。

★ 没有花边圆形模具，做好的饭团放入饭盒也行。

★ 饭团做好后，可搭配各种新鲜的时令蔬菜，如生菜、圣女果、西兰花、胡萝卜，满满的一饭盒很是美观。

做法

① 小香肠顶端切十字花，锅内倒入少许油，放入小香肠煎至十字花开大口。

② 蟹肉棒焯烫后将红色表皮小心剥下。 用圆形模具在火腿片上扣出3块作鼻子，再扣两个圆形的胡萝卜片做红脸蛋，海苔剪出眼睛和嘴巴。

③ 米饭加入寿司醋拌匀分成3份，搓成圆饭团，其中一个涂上一层番茄酱，放入花边模具。用牙签将小香肠插入白色饭团作驯鹿耳朵。蟹肉棒的表皮包住红色饭团的顶部作圣诞老人的帽子，拿一点米饭捏三角状贴在红饭团的下端作圣诞老人的胡子。然后将整好形状的火腿片、胡萝卜片、海苔片分别作为鼻子、脸蛋、嘴巴贴在饭团上。

菠菜碎蒸蛋

原料

菠菜 50 克
牛肉 50 克
鸡蛋 2 个
姜末 适量

调料

盐 适量

美食小贴士

★ 菠菜里面含有草酸，会阻碍钙的吸收，所以让宝宝吃的时候最好是先用开水焯一下。

★ 牛肉尽量剁得碎小，铺散的放置蛋液上，可以缩短蒸制时间，不然容易造成蛋液已熟，肉末还是半生的情况。

★ 蒸蛋宜用中小火慢蒸，火力过大，蛋容易变老。

做法

① 牛肉洗净剁成细碎的肉糜，加入姜末腌制10分钟。

② 锅中倒入适量清水烧开，放入菠菜焯水30秒后捞出。

③ 菠菜控水后切成小碎。

④ 鸡蛋加入盐、等量的温水搅打成液，倒入容器中，放进蒸锅内。

⑤ 冷水上锅大火烧开，转中小火3分钟至蛋液稍稍凝固，放入牛肉糜。

⑥ 续蒸5分钟，牛肉发白至熟，放上菠菜碎即可。

鲜虾泡菜炒饭

原料

米饭1碗
鸡蛋1个
鲜虾6个
泡菜50克

调料

料酒1大勺
盐适量

美食小贴士

★ 泡菜翻炒的时间不宜过长，以免逼出泡菜中的水分，使炒饭不够爽口。

★ 泡菜本身带有咸味，盐的分量最后尝过味道后再根据咸淡的程度加入。

做法

1. 鲜虾去壳去肠线，加料酒腌制10分钟。泡菜切小段。鸡蛋打散。

2. 锅内入油烧至七分热，倒入鸡蛋液。

3. 鸡蛋液稍稍凝固，倒入鲜虾仁，翻炒数下。

4. 倒入泡菜，翻炒至鸡蛋呈小块状。

5. 米饭入锅，转中小火，用饭铲把米饭铲松。

6. 转大火，调入盐，然后将米饭与锅中食材一起翻炒均匀即可。

蔬香猫耳朵

🍲 原料

面粉100克

青菜50克

番茄50克

✳️ 调料

盐1/4小勺

美食小贴士

★ 猫耳朵是一种面食。并非如名字所说用猫耳制成，只是因形似猫耳故名。

★ 自己做的面食没有任何添加剂，安全、营养，还可以放入各种合适的配菜。

🥣 做法

1. 青菜、番茄洗净后切小块备用。

2. 面粉加入适量清水，加少量盐和成面团，揉至光洁，静置10分钟。

3. 案板上撒些面粉，面团揉成细长条。

4. 用刀切成小粒，用大拇指的指肚压住一粒向前推捻，一个猫耳朵就做成了。

5. 锅中烧开水，倒入猫耳朵煮至浮起，放入青菜、番茄，煮熟即可。

鸡汤云吞面

原料

面条150克
馄饨10个
青菜50克
鸡汤100毫升

调料

盐1小勺

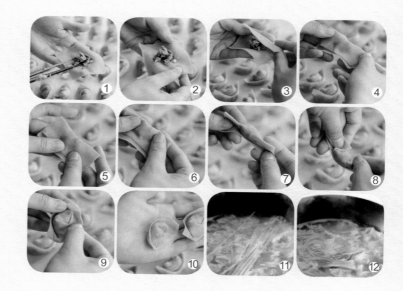

美食小贴士

★ 馄饨在包馅料时谨记不要包太多馅料,因为煮馄饨时皮子会爆开。一定要把馄饨皮包紧,如果不包紧,煮时馅料会出来。

★ 为了防止面条和馄饨粘连,可以先下面条,待面条变软,一根根分开时,再下入馄饨。馄饨比面条煮的时间短,不用担心不熟。

做法

① 将一张馄饨皮子摊开在手心,筷子挑适量的肉馅,放在馄饨皮中间稍靠下的位置。

② 双手捏住馄饨皮的两边。

③ 将一端的馄饨皮向内折起,包住馄饨馅。

④ 折起的皮子离另一边的馄饨皮子距离约0.5厘米。

⑤ 将两片皮子四边捏紧。

⑥ 如果馄饨皮子不够软,可以在封口处抹少量的水。

⑦ 捏实的皮子朝里再折一下。

⑧ 然后将两端叠加捏紧。

⑨ 将包好的馄饨放置一边。

⑩ 依次包完剩下的馄饨馅。

⑪ 锅内放入鸡汤,加入适量清水烧开,调入盐,放入馄饨、面条同煮。

⑫ 水烧开后,加入小半碗凉水,如此这样重复地加入凉水2~3次,放入洗净的青菜烫熟,盛出即可。

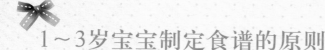

1~3岁宝宝制定食谱的原则

孩子从1岁开始过渡到幼儿期，也就进入了家常固体食物的进食阶段。可以吃的食物越来越多，家长在"变花样"的同时也要注意营养的搭配。1~3岁幼儿每天至少应保证500毫升乳类，最好为配方奶。每天的进食可安排3餐主食、2~3次乳类与营养点心，餐间控制零食。1岁以上的幼儿可以吃家常饭菜的品种，但要注意食物体积应适宜，食物要软一点并清淡少盐。

1~3岁幼儿期食谱中不可缺少的食物是什么？

1岁以后的宝宝，刚刚断奶或没完全断奶，他们吃的食物可能已经和大人一样了，但因为他们牙齿尚未发育完全，咀嚼固体食物（特别是肉类）的能力有限，就会限制蛋白质的摄入。因此，1岁以上的宝宝，不一定能从固体食物中摄取到足够的蛋白质，饮食上还应该注意摄取奶类，奶类食品仍是他们重要的营养来源之一。美国权威儿科组织建议，奶类与固体食物的比例应为40：60。按照这个比例计算，每天大约需要给宝宝提供奶类500毫升。

1~3岁幼儿期食物品种应该怎么选择？

1岁后，宝宝身体生长发育仍然需要多种营养素，要保证足够营养素的摄取，必须给宝宝提供多种多样的食物。因此，给宝宝的食物搭配要合适，要有干有稀，有荤有素，饭菜要多样化，每天都不重复，比如，主食要轮换吃软饭、面条、馒头、包子、饺子、馄饨、发糕、菜卷等。给宝宝准备饮食时要注意利用蛋白质的互补作用，用肉、豆制品、蛋、蔬菜等混合做菜，一个炒菜里可同时放两三种蔬菜，也可用几种菜混合做馅，还可在干饭或早点时吃些蒸胡萝卜、卤猪肝、豆制品等，以刺激宝宝的食欲。

1~3岁幼儿期各餐营养比例应该怎样搭配？

按照早餐要吃好，午餐要吃饱，晚餐要吃少的营养比例，把食物合理安排到各餐中去。各餐占总热量的比例一般为早餐占25%~30%，午餐占40%，午点占10%~15%，晚餐占20%~30%。为了满足宝宝上午活动所需热能及营养，早餐除主食外，还要加些乳类、蛋类和豆制品、青菜、肉类等食物，午餐进食量应高于其他各餐。因为，宝宝已活动了一个上午，下午还有更长时间的活动。另外，宝宝身体对蛋白质的需求量也很大，需要多补充些蛋白质。

1~3岁幼儿期怎样烹调才能适合宝宝？

给宝宝烹调食物时，要注意适合宝宝的消化功能，避免油腻的，过硬的，味道过重的，辛辣上火的食物。但是也不必刻意煮得过软，菜切得过细。实际上这个阶段宝宝的咀嚼能力已经得到长足发展，应该鼓励宝宝尽快适应成人的食物。同时，烹调上注意干稀、甜咸、荤素之间合理搭配，以保证能为宝宝提供均衡的营养。此外，还要注意食物的色、香、味，以提高宝宝的食欲。

鸡蛋三明治

水果小汤圆

葱花鸡蛋饼

小炒酒窝面

营养虾仁小馄饨

肉丝炒面

鸡肉卷饼

爽口寿司卷

胡萝卜番茄饭卷

西瓜果冻

葡萄软糖

黑芝麻糖

红豆奶卷

杧果班戟

茄汁鸡翅

蛋黄小饼干

荔枝蔓越莓凉糕

鲜虾蛋饺汤

芝心鸡蛋卷

蛋包茄汁饭

蒸鱼丸

照烧鸡腿饭

咖喱牛腩烩饭

鸡蛋三明治

原料

鸡蛋2个
吐司面包3片
沙拉酱1大勺
黄瓜半根
火腿100克
圣女果2个

美食小贴士

★ 简单的三明治美味又营养，搭配一杯牛奶，是十分不错的便捷早餐。

★ 三明治夹馅没有特别要求，可以按个人喜好添减食材，沙拉酱带有咸味，无须添加其他调料。

做法

① 鸡蛋煮好剥壳，将剥好的鸡蛋切成丁，放入碗中。

② 鸡蛋碎中加入沙拉酱，搅拌均匀，让鸡蛋碎表面能包裹一层沙拉酱。

③ 黄瓜、圣女果洗净切片，火腿切片。

④ 取一片吐司面包片，然后将拌好的鸡蛋沙拉酱用勺子均匀涂在面包片上。

⑤ 在鸡蛋酱上面放上黄瓜片、圣女果片、火腿片。

⑥ 然后把一片吐司盖在上面，再抹一层鸡蛋沙拉酱。

⑦ 再依次放上黄瓜片、圣女果片、火腿片。

⑧ 再把一片吐司盖在上面。

⑨ 用手轻轻压一下两片吐司，插上牙签定形，根据自己的喜好，切成自己喜欢的形状即可。

水果小汤圆

原料

西瓜50克

猕猴桃50克

杧果50克

糯米粉150克

白砂糖30克

美食小贴士

★ 给小朋友制作的汤圆要小，随孩子的喜好放入砂糖，还可以添加一些坚果碎以增加口感。

★ 面团以光滑为标准，如果过于干裂，需要添加一点水，否则就不用加水。

做法

1. 糯米粉加白砂糖后平均分成3份，把西瓜、猕猴桃、杧果放入糯米粉中。

2. 利用水果本身的水分与糯米粉一起揉成光滑面团，如果不够湿润，可以适当地添加一点点水，但不要太多。

3. 把面团分成若干小块，分别揉成小汤圆。

4. 锅中放水烧开后将汤圆放入锅中。

5. 汤圆入锅后，不要煮得过久，待汤圆在锅中飘起即可。

宝宝辅食添加时间顺序表

宝宝辅食如何安排？宝宝辅食添加的时间顺序表

宝宝1~2个月开始，可添加新鲜果汁，如橘子汁、番茄汁、山楂汁、西瓜汁、葡萄汁等以补充维生素C。尤其是人工喂养的宝宝更为需要，每日喂1~2次，每次喂1~2汤匙。如果是小宝宝，果汁可用温开水冲淡后喂食。

3个月以上的宝宝，维生素显然不足，人工喂养的小儿，从出生15天起就应添加维生素C、维生素D等。一般在果汁、菜汁中都含有维生素，如胡萝卜中含有胡萝卜素，它在宝宝体内可以形成维生素A，也含有维生素C，所以应多加利用。开始添加时可以上下午各一次，每次一汤匙（约15毫克）菜汁、果汁（橘子汁应加水稀释）喂于两次半奶哺喂之间。以后随月龄增长可添加到5汤匙。添加后要注意宝宝的消化情况，还要注意辅食的做法是否正确，是否清洁卫生，添加量是否合适等。如果各方面都注意了，一般不会引起消化不良。

4~5个月的宝宝，生长发育仍很迅速，牛奶中的铁含量较少，如果不及时添加铁元素，宝宝就有可能发生贫血，因此，需要添加含有铁元素的食品，如蛋黄、枣泥、肝泥等，蛋黄和肝泥中都含有铁和维生素A等。开始吃时可将1/4煮熟的蛋黄或类似大小的一块煮熟肝泥压碎，用米汤或半奶调匀后哺喂，习惯后再加到1/2个蛋黄或类似大小的肝泥，由蛋黄逐步过渡为蒸鸡蛋羹，可以逐步添加。4个半月起可以添加稀粥，必须煮得烂烂的，每天吃一汤匙。如果吃后消化也很好，可逐步增加，5个月起可以增至2~3汤匙。应按宝宝具体状况添加，还可以吃些菜泥或与稀粥调和在一起吃。

6个月时，稀粥不但量可增加，而且可以略增稠一些，每天3汤匙，可分两次吃，逐步可加至5~6汤匙，在粥中可加蛋黄、菜泥，可略加盐、糖等调味。每新添一样食品，宝宝会因不习惯而不肯吃，这时大人要耐心喂养，不要过于勉强。一般当宝宝吃过1~2次之后，会渐渐习惯新口味，就会爱吃的。如果辅食添得好，可以减去一次奶。

7个月时，每天可喂1~2次稠粥，每次可喂小碗（约6~7汤匙），在粥里除加菜泥、肉汁外，还可加少许肉松或肉末（调换着加，不是一次都加入），吃一个整鸡蛋羹为好。由此每天喂3次半奶就可以了。也可以开始让宝宝自己啃吃馒头干或饼干，可促进宝宝牙齿的生长。

8个月时，每天添加两次辅食，除稀粥外可吃面条、馒头（但要鲜软），更换着让他进食。要注意辅食的色、香、味。宝宝的饮食不宜太咸，要清淡而有味。这时候牛奶（或其他乳品）每天可3次或减为2次（早晚各1次）。同时要注意，必须先喂辅食，后喂牛奶。这个月龄光牛奶营养已显不足，所以从这时候起辅食必须逐步增多。

9个月时，可以参考下列程序进食：早晨6点钟喂牛奶，10点钟喂调粥一碗（约100~120毫升），菜泥2~3汤匙，鸡蛋半个。下午2点钟喂牛奶，个别宝宝吃奶还不能满足，可添加饼干或馒头干。晚6点烂面条1碗，鸡蛋半个，除加菜泥外，还可加豆腐、肉末、肝泥等。晚上10点钟再喂一次牛奶。

10个月时，每天可吃三次辅食，早晚各一次牛奶或其他乳品。若辅食喂入顺利，奶可减一次。

11~12个月时，可以吃接近一般人食用的食品了，蔬菜应注意多样化，如豆腐、肉末及鱼泥或鱼肉等容易消化的食品及糕点、烂菜（是指煮烂一点的蔬菜）、水果等都可以吃了，逐步地可由主食变为辅食，辅食变为主食了。但虽以辅食为主，每天最好仍能喝1~2次牛奶，既可增加营养又可增加水分。以上所列辅食及喂量喂法仅供参考，应根据宝宝消化能力、体质、食欲等实际情况而定。

葱花鸡蛋饼

原料

胡萝卜|根
鸡蛋2个
面粉200克
葱|根

调料

盐1/4小勺
糖1/8小勺
生抽1/4小勺

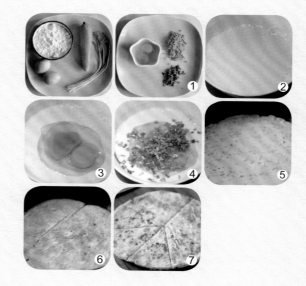

美食小贴士

★ 鸡蛋饼可以单吃，也可以再配上些小菜，来碗米粥，实为一道营养美味的中式小餐。

★ 面糊一定要充分搅匀，煎饼口感才会好，多费点时间慢慢搅，直到看不见面疙瘩为止。

做法

① 鸡蛋打散，胡萝卜和葱分别切末。

② 面粉加水搅成可流动的面糊。

③ 调入调料，放入鸡蛋。

④ 放入胡萝卜末和葱末，搅拌均匀。

⑤ 平底锅放少许油烧热，转中小火，倒入面糊，晃匀。

⑥ 将鸡蛋饼两面煎至金黄色。

⑦ 稍稍放凉后，煎好的鸡蛋饼移至案板，按个人喜好切成小块食用即可。

小炒酒窝面

🍲 原料

面粉200克
干香菇3朵
红彩椒30克
黄彩椒30克
豌豆30克

❋ 调料

盐1/4小勺
糖1/4小勺
香油1/4小勺

美食小贴士

★ 酒窝面的面丁不可切得过大，制作酒窝面时，右手拿筷子，左手旋转面丁，使其包裹在筷子上即可。

★ 可与小朋友一起动手制作酒窝面，又好玩又可培养小朋友的动手能力。

🍳 做法

① 面粉加入少许盐和适量温水，揉成面团静置10分钟。

② 案板上撒一层薄薄的干粉，压扁面团，用擀面杖擀制成厚度约为0.5厘米的圆形面片，用刀将面片均匀地分割成条形。

③ 取适量条形，再次切成大小均匀的正方形小面丁。

④ 取其中一块面丁，用筷子顶部在面丁中央按下，手转动一下就可形成酒窝面的形状。

⑤ 锅中加入适量冷水，烧开后把酒窝面放入锅中，煮熟后捞出过凉备用。

⑥ 彩椒洗净后切成丁，干香菇泡发后洗净切丁，豌豆洗净备用。

⑦ 锅中倒入适量油，油热倒入彩椒丁、香菇丁和豌豆，大火翻炒均匀。

⑧ 过凉后的酒窝面沥干水，倒入锅中翻炒，加入适量盐和糖，与蔬菜丁一起翻炒均匀，出锅前淋少许香油调味即可。

营养虾仁小馄饨

原料

大虾10只
小馄饨皮30片
葱、姜10克

调料

料酒1小勺
盐1/8小勺

美食小贴士

★ 除了虾仁外，也可以用猪肉、鸡肉等替代。

★ 小馄饨的包法没有特别要求，只要皮子捏紧即可。

育儿小知识

联合国调查小孩最怕父母做的十件事：

1. 父母吵架。

2. 父母发脾气。

3. 父母对每个孩子都不能给予同样的爱。

4. 父母之间不互相谅解。

5. 撒谎。

6. 不耐心地解答自己提的问题。

7. 不欢迎自己的小朋友。

8. 在客人面前指责自己。

9. 无视自己的优点。

10. 父母对自己冷漠无言。

做法

1. 大虾取虾仁洗净，加葱、姜、料酒腌制10分钟去腥。

2. 撇去葱、姜，用刀背将虾仁剁成虾泥，加入盐搅匀上劲。

3. 取一张小馄饨皮，中间放上适量虾泥馅，捏紧皮子。

4. 小馄饨就包好了。

5. 汤锅中倒入适量清水烧开，放入包好的小馄饨。

6. 煮至馄饨全部浮上，馄饨皮变透明色捞起即可。

肉丝炒面

原料

猪肉 150克
青椒 1个
洋葱 小半个
面条 150克

调料

生抽 1小勺
糖 1/4小勺
老抽 适量
盐 1/4小勺
料酒 1小勺

美食小贴士

★ 配料可根据自己的喜好来搭配，出锅时还可以放些蒜末。面条颜色的深浅使用老抽的多少可自己掌握。

★ 在炒的过程中如感觉太干，可按情况调入清水，使面条的软硬合适即可。

★ 蒸好的面条迅速抖开，最好用电风扇吹一吹，也可用筷子反复把面条挑起使之凉透即可。

做法

① 锅内倒入适量清水烧开，加入少许盐，倒入面条。

② 面条煮2分钟至面条变软后捞出。

③ 将面条过凉水后沥干，加少许油抖散。

④ 抖散的面条均匀铺放于蒸锅内，隔水蒸至面条七成熟。

⑤ 青椒、洋葱、猪肉分别洗净切丝。

⑥ 锅内入油烧至七分热，倒入肉丝炒至肉色发白，调入生抽、老抽、糖、料酒。

⑦ 炒匀后，倒入青椒丝、洋葱丝。

⑧ 倒入面条和少量清水。

⑨ 稍稍翻炒几下，调入盐，用筷子炒匀后出锅即可。

鸡肉卷饼

🍶 原 料

鸡胸肉100克

洋葱50克

生菜2片

奶酪2片

面粉150克

酵母1克

✸ 调 料

盐1/4小勺

黑胡椒粉1/8小勺

淀粉1/4小勺

番茄酱1/4小勺

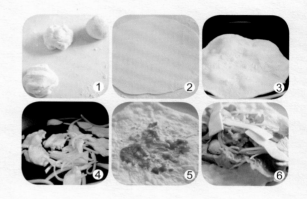

美食小贴士

★ 饼可以一次多做点，放入冰箱冷冻。吃时拿出来重新烙一下即可。

★ 卷饼时，可以在饼上刷上自己喜欢的甜面酱、番茄酱、辣酱等任意酱料。

◉ 做法

① 面粉加入酵母和温水揉成稍软的面团，饧30分钟，然后切成6份小剂子。

② 取一份面剂子，擀成厚度不超过2毫米的圆片。

③ 放入平底锅中，烙至起泡，再翻面烙一会即可。

④ 鸡胸肉片成薄片，用盐、黑胡椒粉、淀粉腌制一会。锅热少许底油，把鸡肉片摆入锅内，两面都煎黄，盛出备用。洋葱切丝，锅里余油放入洋葱翻炒，加少许盐，倒入煎好的鸡肉片炒匀即可。

⑤ 取一张饼，刷上番茄酱。

⑥ 铺生菜，放入鸡肉片、奶酪片卷起即可。

爽口寿司卷

原料

熟米饭150克
寿司紫菜1片
火腿50克
肉松10克
胡萝卜50克
鸡蛋1个
小黄瓜1根

调料

寿司醋1小勺

美食小贴士

★ 经验不足的话，米饭和馅料不可贪多，否则可能会因为技术不熟练卷不起来。

★ 如果没有寿司醋，可以自己调兑，将3小勺白醋+2小勺白糖+一点盐，调匀，此比例也可根据自己口味调整。

做法

① 锅中油热，鸡蛋打散入锅摊成蛋皮。

② 黄瓜、胡萝卜洗净切丝，火腿切丝，鸡蛋皮切丝。

③ 寿司醋倒入米饭，拌匀，寿司醋与饭的比例大约是1:6。

④ 在寿司帘上放上寿司紫菜，将米饭铺平，不要压饭粒，尽量保持饭粒完整、松软，四周稍微留一点边。

⑤ 在米饭上铺上切好的黄瓜丝、胡萝卜丝、蛋皮丝、火腿丝、肉松。

⑥ 用寿司帘将紫菜卷起，用手紧握后打开。

⑦ 刀上蘸水，将寿司卷切成小段即可。

胡萝卜番茄饭卷

🥣 原料

软米饭150克
番茄100克
胡萝卜150克
鸡蛋1～2个

✿ 调料

盐1/8小勺

美食小贴士

★ 混合后的米饭也可以放入油锅中炒热，饭卷样子特别，营养丰富，很讨小朋友喜欢。

做法

① 番茄、胡萝卜分别去皮切碎，放入碗内。

② 倒入米饭，并加盐混合均匀。

③ 放入蒸锅中，蒸5分钟左右。

④ 平底锅内放一点油，将鸡蛋液倒入，摊成薄而宽的蛋皮，放凉备用。

⑤ 将混合后的米饭铺在蛋皮上，卷起切段即可，吃的时候可蘸食少许酱油，味道会更好。

西瓜果冻

原料

小西瓜1个
鱼胶粉20克
白糖25克
凉开水100毫升

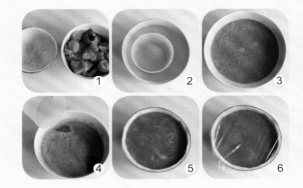

美食小贴士

★ 为了让西瓜果冻看起来更逼真，在上面可以放入一些西瓜子。

★ 做好的西瓜果冻，用勺挖着吃或切成片都行。

做法

① 西瓜对半切开，将西瓜肉挖出，空出半个西瓜壳备用。

② 鱼胶粉加入凉开水搅匀，隔热水融化。

③ 西瓜果肉加入白糖，倒入搅拌机搅拌成西瓜果汁，取西瓜汁350毫升。

④ 把鱼胶粉液倒入西瓜汁中，搅拌均匀。

⑤ 把西瓜汁倒入西瓜壳里。

⑥ 覆上保鲜膜，入冰箱冷藏3个小时左右后凝固即可。

葡萄软糖

原料

葡萄350克

糖60克

鱼胶粉20克

美食小贴士

★ 方形容器方便成型后切块，如果没有，也可以拿其他形状容器代替。

★ 做好的葡萄软糖块，吃多少取多少，剩余的放入冰箱冰藏。

★ 除了葡萄，其他时令水果也可以榨取果汁作为软糖原料。

做法

① 葡萄洗净，榨汁后取100毫升葡萄汁，过滤备用。

② 将糖、鱼胶粉倒入葡萄汁，搅匀。

③ 混合后的葡萄汁，倒入干净无油的小锅，小火煮至糖和鱼胶粉融化。

④ 倒入方形容器中，放凉，放入冰箱冷藏3小时取出。

⑤ 依个人喜好，切成适当大小的糖块。

黑芝麻糖

原料

黑芝麻 250 克
绵白糖 120 克

美食小贴士

★ 熬白糖时，一定要用小火，熬到用铲子舀起少许糖可以成一条线即可。

★ 倒在刀板上整形的速度一定要快，慢了芝麻糖就会凝固。

做法

① 小火将生芝麻炒熟，时间不宜过长以免炒焦。另起锅烧热，转小火倒入白糖。

② 轻轻推散白糖，使之慢慢化开变麦芽糖色，呈液体状。

③ 把芝麻立即倒进去，快速翻拌，让糖稀均匀地裹在芝麻上。

④ 把拌好的芝麻糖倒在刀板上，用刀把糖块快速向中间拢实，然后用刀背压扁糖块。

⑤ 用擀面杖快速将糖擀成薄片状，再用刀切成块或条状即可。

红豆奶卷

原料

全脂牛奶800毫升
酒酿300克
红豆泥100克

调料

白砂糖2大勺

美食小贴士

★ 一定要选用全脂牛奶，牛奶和酒酿的比例是4:1。

★ 过滤后的乳清倒入容器，可直接喝或冷藏后食用。乳清的营养很丰富，添加了酒酿味道也很好。

做法

1. 酒酿倒入铺有纱布的瓷碗上，尽量多挤出酒酿汁，取200毫升备用。

2. 牛奶倒入锅中，小火加热至四周有细微气泡。

3. 倒入2大勺白砂糖，搅匀，将酒酿汁全部倒入牛奶中继续搅拌加热。

4. 慢慢地牛奶会由液体变成棉絮状，继续搅拌加热，待底层呈微微绿色、半透明状的乳清时，即可关火。

5. 将表层棉絮状的牛奶捞出，倒在纱布上过滤。

6. 过5分钟后，将纱布提起，用手攥紧，尽量挤出乳清，并把面团状的牛奶用手抓揉片刻，使其更加细腻。

7. 在案板上铺一张保鲜膜，将面团状的牛奶平铺在保鲜膜上，再覆盖一层保鲜膜，用擀面杖擀成长方形。

8. 取红豆沙馅压成长方形，放置在奶皮上，用擀面杖擀压一下。

9. 慢慢卷起后放置冰箱冷藏1小时后切小段即可。

杧果班戟

原料

杧果400克
低筋面粉100克
白砂糖75克
牛奶250克
鸡蛋3个
黄油15克
鲜奶油200克

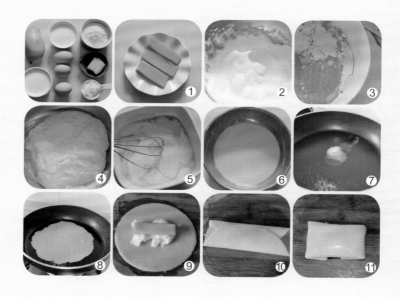

美食小贴士

★ 面饼尽量摊得薄一些，方便包成四方形。

★ 如果想要面饼口感更细腻，可将最终搅拌均匀的面糊过筛一下。

做法

① 将杧果去皮，沿果核切下果肉，再纵切成长条备用。

② 鲜奶油加入40克砂糖，用打蛋器将奶油硬性打发（奶油呈凝固的固体状）。

③ 将低筋面粉过筛。

④ 100克牛奶加入低筋面粉中，搅拌均匀成低筋面粉糊。

⑤ 鸡蛋只取蛋黄，加入35克砂糖搅拌均匀至砂糖融化，将剩下的150克牛奶倒入蛋黄糊中，搅拌均匀。

⑥ 将搅拌好的蛋黄糊加入到低筋面粉糊中，搅拌均匀。

⑦ 将平底锅烧热，转小火，放入黄油融化。

⑧ 将一勺面糊倒入锅中，迅速转匀摊成圆饼状，一面煎好以后翻面，将另一面也煎至金黄色。然后将所有面糊照样煎成薄面饼。

⑨ 取一张面饼，放置案板上，面饼中心铺上一层奶油糊，再放一块杧果条。

⑩ 然后再铺一层奶油糊，最后将面饼卷起。

⑪ 包成四方形即可。

茄汁鸡翅

🍚 原料

鸡翅6～8个
姜片5克

✳ 调料

料酒1小勺
蚝油2小勺
盐1/4小勺
糖1/4小勺
番茄沙司2大勺

美食小贴士

★ 番茄沙司可以多放一些，根据喜好添加，不用太拘泥。

★ 鸡翅上划两刀，方便腌制后入味。

🍳 做法

① 鸡翅洗净，用刀划两道口子，放入姜片、料酒、蚝油、盐腌制半小时以上。

② 锅中倒入油，六成热时放入鸡翅，中小火将鸡翅煎至两面金黄，盛出备用。

③ 锅中留底油，倒入番茄沙司、糖、盐、翻炒均匀。

④ 放入煎好的鸡翅翻炒数下，使鸡翅均匀裹上番茄汁。

⑤ 加入一小碗清水，盖上锅盖烧开，转中小火收汁后装盘即可。

蛋黄小饼干

原料

低筋面粉80克

鸡蛋2～3个

糖50克

泡打粉2克

盐2克

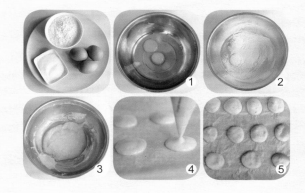

美食小贴士

★ 刚烤好的饼干是软的，放凉后就会变得又香又脆。

★ 烤制时需不时观察饼干颜色，四周有一圈淡淡的焦黄即可取出。

★ 市售鸡蛋大小不一，如果个头大，只需2个鸡蛋，如果个头小，则要3个鸡蛋。

做法

① 蛋黄2个，蛋清1个，打入容器，加入糖。

② 筛入低筋面粉、泡打粉、盐。

③ 搅拌成均匀无颗粒的面糊。

④ 用裱花袋装上面糊，在油纸上挤成直径2厘米的圆块。

⑤ 烤箱预热200℃上下火，烤7分钟，烤至表面微黄、四周有一圈淡淡的焦黄即可。

荔枝蔓越莓凉糕

原 料

牛奶350克
糖50克
玉米淀粉70克
蔓越莓15克
荔枝果肉20克

调 料

椰蓉适量

美食小贴士

★ 食材中的水果可以替换自己喜欢的水果，蔓越莓如果没有可以不放，或用葡萄干、蜜豆等代替。

★ 加热时，一定要不停搅拌，不然容易煳底。

做法

① 荔枝果肉和蔓越莓分别切成小块。

② 除了椰蓉外，所有原料全部放在一起搅拌均匀。

③ 调好的牛奶液，中小火加热。

④ 全程不停地用手动打蛋器搅拌，面糊变稠立即离火，继续不停地搅拌直至黏稠。

⑤ 取一平底模具，刷一层无味的色拉油，倒入黏稠的面糊，变凉后入冰箱冷藏至结成块状。

⑥ 取出凉糕，用刀子或模具切出形状，最后裹上椰蓉即可。

鲜虾蛋饺汤

原料

鲜虾8只
鸡蛋2只
小青菜50克

调料

盐1/8小勺

美食小贴士

★ 折成蛋饺状时可在封口处加少量蛋液，方便黏合。

★ 如果宝宝还小，可以把虾肉剁成泥来操作。

做法

① 将新鲜的虾冲洗干净，焯水，将焯好的虾去头部、虾线及外壳，只留虾仁。

② 平底锅里加入少量油，将鸡蛋加盐打散后舀一小勺，摊圆在锅中。在鸡蛋尚未凝固时加入1个虾仁。

③ 然后把鸡蛋对折成蛋饺状，翻转后反面略煎一下。

④ 盛出，依次做完剩余的蛋液和虾仁。

⑤ 锅内加入水，烧开后下入蛋饺煮2分钟。

⑥ 放入小青菜，煮沸后加入适量盐，关火即可。

芝心鸡蛋卷

原料

鸡蛋 2 个
芝士 2 个
黑芝麻 2 克
香葱 1 根

调料

油 1 小勺
盐 适量

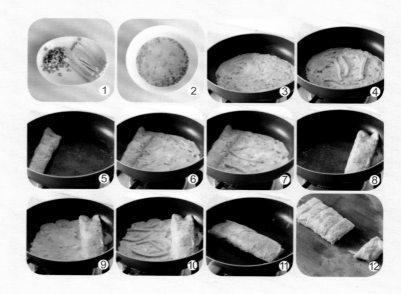

美食小贴士

★ 芝士本身带有咸味，盐无须多放。

★ 最好用不粘的平底锅，只需在一开始时放少许油，之后都不用再放油了。

★ 卷的时候，不要等顶部的蛋液全都凝固了才卷，否则成品不够柔软。

做法

① 芝士切细条，葱切末。

② 鸡蛋打散，放入少许盐、葱末、黑芝麻搅匀。

③ 锅中倒入油，七分热后转小火，舀入一小勺鸡蛋液，转动锅让蛋液铺满锅底。

④ 蛋液凝固时放上几根芝士条。

⑤ 用铲子卷起蛋皮，然后推到锅的一端。

⑥ 再次舀入一勺蛋液铺满锅底，煎至蛋液凝固。

⑦ 还没完全熟透时，放上几根芝士条。

⑧ 用筷子飞快地从上一次卷好的蛋卷开始卷到锅的另一端。

⑨ 继续保持小火，舀入蛋液，重复之前的动作。

⑩ 放上几根芝士条。

⑪ 重复之前动作将蛋皮卷起，直至摊完余下的蛋液和芝士条。

⑫ 切成合适大小的蛋卷食用即可。

蛋包茄汁饭

原料

米饭1碗
番茄1个
鸡蛋2个
葱1根

调料

盐1/4小勺
番茄酱适量

美食小贴士

★ 如果购买的番茄出汁量不多，可适量加入一些番茄酱同炒，或者可以将番茄去皮后切丁再炒制，也可以增加出汁量。

★ 最好选用隔夜的米饭，倒入锅中的米饭一般会结成一块，需要耐心地用饭铲把米饭铲松，这时要转成中小火，大火容易烧煳锅底。

★ 鸡蛋的量根据家中平底锅的大小来定，如果是小平底锅，1个鸡蛋的量就可以了。

做法

① 番茄洗净切小丁，鸡蛋加少许盐打散。

② 锅内入油烧至七分热，一边倒蛋液，一边转动锅子，将蛋液摊成金黄的圆形蛋饼。

③ 蛋饼放置案板稍稍晾凉，用刀切成3块备用。

④ 另起锅入油烧至七分热，倒入番茄丁炒出汤汁。

⑤ 倒入米饭，转中小火，用饭铲把米饭铲松，然后与番茄一起炒匀。

⑥ 转大火调入盐，翻炒均匀后撒上葱花出锅。将煎好的蛋皮折叠好铺在碗底，倒入炒饭压平，然后倒扣在盘子上，挤上番茄酱即可。

蒸鱼丸

原料

草鱼段200克
胡萝卜1小段
鸡蛋1个
葱姜末适量

调料

盐1/2大勺
料酒适量

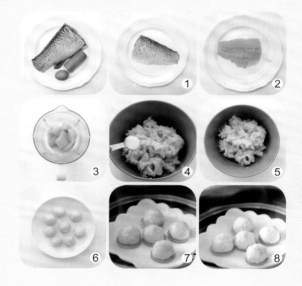

美食小贴士

★ 鱼肉营养丰富，含维生素A、铁、钙、磷等，具有滋补健胃、利水消肿、通乳、清热解毒、止嗽下气的功效。

★ 鱼丸的大小直接关系到蒸制时间，做给小宝宝吃的鱼丸不宜过大。

★ 鱼类所含的DHA，在人体内主要是存在于脑部、视网膜和神经中。DHA可维持视网膜正常功能，婴儿尤其需要此种养分，促进视力健全发展。DHA也对人脑发育及智能发展有极大的助益，亦是神经系统成长不可或缺的养分。

做法

1. 草鱼段洗净，片去鱼骨。
2. 去鱼皮，切成几小片。
3. 将鱼肉放入搅拌机搅打成鱼蓉。
4. 鱼蓉放入容器中，加入盐、料酒、葱姜末。
5. 鸡蛋只取蛋清，加入鱼蓉，顺同一方向将鱼蓉搅拌上劲，腌制15分钟。
6. 腌制好的鱼蓉搓成等量的小丸子。
7. 胡萝卜洗净去皮，切成薄片放置盘内，将鱼丸放在胡萝卜片上，放入烧开水的蒸锅内。
8. 大火蒸3分钟至鱼丸熟透即可。

照烧鸡腿饭

原料

米饭 1碗
鸡腿 2只
胡萝卜 适量
西兰花 适量
姜片 适量

调料

酱油 1小勺
糖 1/4小勺
盐 1/4小勺
蚝油 1大勺
料酒 1大勺

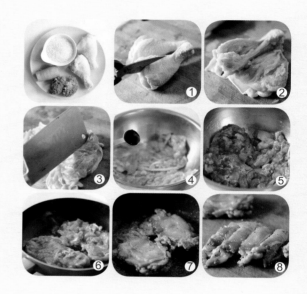

美食小贴士

★ 煎制鸡腿时注意首先要鸡皮朝下下锅，这样有益于鸡腿肉的定型。

★ 煎鸡腿的时候，要不停用铲子压挤鸡肉，使鸡肉能够内外一起熟。

★ 如果有现成的照烧酱，可在腌制的时候代替调料将鸡肉腌制。

★ 腌制鸡腿的时间越长越入味，腌制时应尽量多翻几次面，让其充分入味。

做法

① 鸡腿洗净，用剪刀剪开。

② 顺着鸡骨头，用剪刀将骨肉剪开分离。

③ 用刀背将鸡肉反复剁松。

④ 鸡肉放入容器，加入姜片、料酒、蚝油、盐、糖、酱油，抓匀。

⑤ 腌制30分钟，取出，用纸巾吸干表面水分。

⑥ 锅内入油烧至七分热，放入腌好的鸡腿，鸡皮先朝下煎至鸡皮表面金黄。

⑦ 翻面继续煎制，将鸡腿肉两面煎至金黄后关火。

⑧ 煎好的鸡腿取出，放置案板上，用刀切成小块。胡萝卜、西兰花切小块焯水后，搭配鸡肉与米饭同食即可。

咖喱牛腩烩饭

原料

热米饭2碗

牛腩300克

洋葱1/4个

土豆1个

胡萝卜半根

咖喱块2个

葱段、姜片适量

调料

料酒1小勺

盐1/8小勺

清水500毫升

香叶2片

八角2个

开水300毫升

美食小贴士

★ 牛腩一次可以多煮一些，做烩饭时可根据个人食量加入适量的牛腩块。剩余的搭配面条都是不错的选择。

★ 咖喱块不宜久煮，放入之后，要不时轻搅，以免粘锅。

★ 咖喱本身的味道已经很可口，无须另外加调味料了。

做法

1 将胡萝卜、土豆、洋葱洗净，切丁备用。

2 牛腩洗净切小块，焯水后，加葱段、姜片、料酒、香叶、八角和清水，小火炖1.5～2小时，最后加少许盐调味。

3 锅中放油七成热，倒入洋葱丁爆炒数下。

4 倒入胡萝卜丁、土豆丁，混合翻炒1分钟。

5 加入炖好的牛腩块。

6 倒入开水，转中火将锅中食材稍煮3分钟。

7 最后放入咖喱块，煮至汤汁浓郁关火。米饭装盘，淋上煮好的咖喱牛腩浇汁即可。

用爱做的饭菜才是最美味的

这世间，美丽的爱情，幸福的婚姻，和谐的家庭，自然不能只靠写诗画月亮，也不能只是赚钱买东西，如若再能做得一手好饭菜，将甜言蜜语写入青菜萝卜，将温柔体贴煲入慢火老汤，将祝福期盼做成甜品点心……我想，不幸福都很难。

我一直认为能够把吃这件事认真对待的人，必有一颗细腻的心。平时生活中喜欢下厨房的人一定也是热爱生活、享受生活的人，无论你是厨房新手还是美食达人。现在的我只要一拿到某种食材就会下意识地去想能够有多少种烹饪的可能，那些暖心又美味的搭配，只是为了能给我的家人做一顿营养健康的美味家常饭。

从初中开始就在家学着下厨，一碗清汤面或是一盘蛋炒饭，虽然当时会做的不多，味道也不怎么样，但依然乐此不疲。随着年龄的增长，每年遇上爸妈生日，也会主动做上一桌"卖相不好看"的家常饭菜来表达自己对爸妈的感恩之情。在家人眼里，爱才是他们最想收到的礼物。与其在琳琅满目的礼品中精挑细选，不如付出自己的时间和劳动为他们送上一顿爱心大餐，这样更能表达自己的孝心和敬意。

毕业后与几位大同学一起合租，在南京这座城市认真努力地打拼着，也因为喜欢做菜与记录男人之间在这座城市中发生的小故事，所以才有了一个让很多人喜欢的"80后男人的厨房"博客。在工作之余，为了可以吃上放心的饭菜，2007年就正式开始了我的厨艺之旅。那时每天就是想着该做什么样的饭菜来慰劳一下忙碌工作一天的自己和室友们。

成家以后就更喜欢研究怎样把菜做得更上一层楼，为了家人的健康，合理搭配每日膳食，努力做到均衡营养。特别是2012年有了女儿后，更是想要在厨艺上精益求精。当女儿一天一天长大，每天想着做些什么给女儿吃，怎样才能吃得好，吃得营养，吃得长胖，吃得长高。这些汇成一个字，其实就是"爱"！因为心里有爱，在厨房里与柴米油盐打交道才不会那么的乏味，因为有爱，才知天下最美味的是自己用心做的饭菜。

在我看来，男人学会做饭是一种很好的现象，也应该是每一个男人都应该掌握的基本技能。给家人一份爱，一份幸福，一份快乐，就用美食来表达一下你对他们的感情吧！